理想·宅 编

装修验房
随身查

化学工业出版社
·北京·

内容简介

本书以图文并茂的方式先讲述装修验房的准备工作，再具体介绍毛坯房、精装房、二手房的验收标准。每章均从居室的不同部位详细讲解验房知识，并搭配与知识点对应的大量图片、图表，使内容更生动。全书的编写力求将理论和实践相结合，使读者能够迅速掌握房屋验收方面的知识。

本书不仅适合室内设计师使用，而且也适合有装修验房需求的业主阅读。

图书在版编目（CIP）数据

装修验房随身查/理想·宅编.—北京：化学工业出版社，2021.4（2024.3 重印）

ISBN 978-7-122-38689-2

Ⅰ.①装… Ⅱ.①理… Ⅲ.①住宅-室内装修-工程验收-基本知识 Ⅳ.①TU767

中国版本图书馆CIP数据核字（2021）第042898号

责任编辑：王　斌　毕小山　　　　　　装帧设计：刘丽华
责任校对：宋　夏

出版发行：化学工业出版社（北京市东城区青年湖南街13号　邮政编码100011）
印　　装：北京科印技术咨询服务有限公司数码印刷分部
710mm×1000mm　1/32　印张9　字数200千字　2024年3月北京第1版第4次印刷

购书咨询：010-64518888　　　　　售后服务：010-64518899
网　　址：http://www.cip.com.cn
凡购买本书，如有缺损质量问题，本社销售中心负责调换。

定　价：45.00元　　　　　　　　　　　版权所有　违者必究

前言

验房，是房屋交付的前提和保障。一次专业的验房，可以达到省心收房、放心入住的目的。开发商整改还可以最大程度降低入住后的风险，也可以减少后续作业（如装饰工程）的经济投入及返工概率，避免一些不必要的经济损失，同时也能为索赔提供强有力的证据。

目前，市面上关于验房的图书数量比较少，系统验房知识的获取相对困难。我们从实用性角度出发，集合了从业多年的装修师傅的验房经验，编写了本书。

本书有针对性地将验房过程叙述出来，并不追求大而全，而是对于不同阶段所需要的知识做重点介绍。全书内容以现场实际情况为标准，分步骤详细讲解如何一步一步地完成房屋验收，搭配大量的图片，以简洁的语言和形式表现，使读者能够迅速地掌握验房技巧。

读者通过阅读本书，能够快速了解验房必备工具，掌握验房的技巧和知识点，无论何种类型的房屋，都可以轻松完成检验步骤。本书不仅适合普通业主参考使用，也可作为行业初学者的实用指导书。

目 录
CONTENTS

第1章 毛坯房验收

第2章 精装房验收

第3章　二手房验收

1

第 1 章
毛坯房验收

毛坯房是指未进行装修的房屋，大多只有门框没有门，墙面也只是做了一些基础处理，但是这些基本的装修在毛坯房中还是非常重要的。进入单元门，看到崭新的房屋会给人以协调感和完整感。对于不懂行的人，认为这已经很好了，没什么可以挑剔的，但事实并非如此。很多房子还会存在诸多问题，只要细细看来就会发现，因此在验房时不能马虎了事。

▨ 1.1 入户门检查

✂ 使用工具

手电筒　　　　　　　　　记事本　　　　　　　　　记号笔

⚙ 检查流程

① 入户门位置检查 —— ② 入户门完整度检查 —— ③ 入户门漆面和下槛检查

⑤ 入户门五金及配件检查 —— ④ 入户门密封性检查

💡 注意事项

磨损与磕碰一般在门体的正面很少出现，检查门的侧边及门框的棱角处是关键。

1.1.1 入户门位置检查

◢检查要点

（1）入户门打开后的位置不应妨碍公共交通及相邻门的开启。

错误：入户门开启后与相邻门冲突　　　错误：入户门开启后妨碍电梯

（2）入户门开启后不应遮挡开关面板及碰撞消防箱等易碰损设备。

正确：入户门开启后后方无消防箱等设备

（3）防盗门在室内的部分不应安装门套线。

正确：室内没有安装入户门门套线

错误：入户门门套线安装在室内

1.1.2 入户门完整度检查

检查要点

（1）门框、门板、门套等均应无划伤和变形。

门板无划伤和变形

门框、门套无划伤和变形

（2）门框、门板、门套线等均应无磨损和污渍。发生磨损、变形、磕碰的入户门是无法维修好的，需联系物业进行更换。

门板无磨损和污渍

门框及门套线无磨损和污渍

1.1.3　入户门漆面和下槛检查

✍检查要点

（1）重点检查入户门各个部位的漆面。将入户门打开，利用光线折射到门面的亮光观察，应无漏刷、流坠等问题，色泽应一致。

漆面无漏刷、流坠等问题

漆面色泽一致

（2）入户门应设计有下槛，下槛的材料应采用不锈钢，厚度要求不小于1.4mm。

下槛的材料为不锈钢

1.1.4 入户门密封性检查

📖检查要点

(1)双手轻微地拽动密封条,查看密封条粘贴的牢固程度。

(2)观察密封条粘贴得是否平直。

密封条应粘贴牢固、平直

(3)关闭入户门,感受贴近门缝的位置是否有轻微的风,有风则说明门的密封性有问题。

密封条应具有良好的密封性

1.1.5 入户门五金及配件检查

检查要点

（1）检查防盗锁：看门插是否过长或者过紧；用钥匙反复地开关防盗锁，看转动是否顺利，锁芯质量差旋转就会有吃力感；锁孔部分应使用全锁片，如采用的是半锁片，则其他部位应做局部加强。

锁具的门插数量越多，安全性越高

全锁片

半锁片

（2）检查门把手：质量差的门把手质感较轻；感受门把手的握感是否舒适，触感是否平滑顺直。

（3）检查门合页：检查合页类型，应尽量使用暗合页；合页加固处应牢固，松动易造成门的损坏；反复地开关入户门，感受合页是否转动平稳；听合页是否有"吱嘎"的响声，如有声音则证明质量差。

尽量使用暗合页

（4）检查猫眼、门铃：检查猫眼是否完好，有无锈蚀现象，视野是否清晰；检查门铃按钮是否完好，加电是否有声音；有可视对讲的门铃，可视是否清晰，加电是否有声音。

检查猫眼

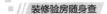
1.2 户内各部分尺寸核对

✂ 使用工具

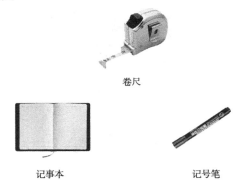

卷尺

记事本

记号笔

⚙ 检查流程

① 房间尺寸核对 ── ② 过道尺寸核对 ── ③ 楼梯尺寸核对 ── ④ 门窗洞口尺寸核对

💡注意事项

尺寸核对时，测量对象为居室内的所有房间。

1.2.1 房间尺寸核对

检查要点

房间需测量的尺寸包括净高、净宽、净深，以及测量对角线是否方正。

1.2.2 过道尺寸核对

检查要点

（1）入口处过道净宽应不小于1.2m。

（2）通往起居室及卧室的过道净宽应不小于1.0m。

1.2.3 楼梯尺寸核对

检查要点

（1）楼梯一侧临空时，其宽度应不小于 0.75m。

一侧临空的楼梯示意

（2）当楼梯两侧有墙体时，其宽度应不小于 0.90m，其中一侧墙面应设置扶手。

两侧有墙体的楼梯净宽测量示意

1.2.4 门窗洞口尺寸核对

检查要点

（1）门窗洞口、梁宽、净高的尺寸误差应在 5mm 以内。

（2）客厅与卧室之间的顶板梁底净高应不小于 2.2m。

1.3 户内顶面检查

✂ 使用工具

卷尺　　　　　　水平仪　　　　　　记号笔　　　　　　直角尺

⚙ 检查流程

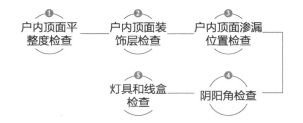

① 户内顶面平整度检查 —— ② 户内顶面装饰层检查 —— ③ 户内顶面渗漏位置检查

⑤ 灯具和线盒检查 —— ④ 阴阳角检查

💡注意事项

　　若卧室与客厅的层高存在偏差，但其各自空间的平整度良好，则可以忽略。在后期的装修中可以弥补这一问题。

1.3.1　户内顶面平整度检查

◢检查要点

（1）用卷尺在室内空间的两头分别测量层高，尺寸出入小于或等于1cm 为正常范围，尺寸出入大于 1cm 则说明顶面发生了倾斜。

（2）重点观察部位为顶面的中间地带，看顶面白漆的反光度由远及近是否有变化，若有变化则说明有弯曲和起浪现象。

（3）隆起或凹陷一般会发生在顶面的边角处，隆起的部位视觉容易观察，凹陷则需要利用光线的变化判断。

顶面存在隆起或凹陷，需做好标记

（4）检查承重梁是否方正水平，承重梁是房屋的重要承载结构，如果承重梁出现倾斜、弯曲或拱起就会给房屋留下安全隐患。

1.3.2 户内顶面装饰层检查

✍检查要点

（1）顶棚乳胶漆或批白应平整，无色差、污染或霉点等现象。

顶面装饰层平整、无污染

（2）墙面不批白时，顶棚批白下翻 3~5cm 进行装饰；顶棚梁的侧面及底面按墙面做法，顶棚批白下翻 3~5cm 进行装饰。

墙面无装饰层时，顶棚批白下翻 3 ~ 5cm

（3）小面积的顶面漆皮脱落可能是漆的质量不佳引起的，可在后期装修中解决；若漆皮脱落的面积较大，又在房屋的边角处，则需格外注意。

（4）若漆皮脱落的位置长有霉菌，则说明上层有轻微的渗水现象或防水没做好，需及时联系物业处理。

漆面无大面积脱落现象

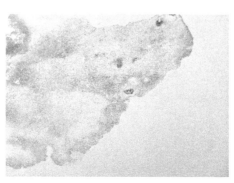

漆皮脱落位置长有霉菌

1.3.3 户内顶面渗漏位置检查

◢检查要点

（1）检查是否有明显的水渍渗漏，并观察其面积。发生这种情况说明楼上的防水有问题。

（2）顶面的水渍渗漏一般发生在厨房、卫浴间及阳台的位置。检查时，应注意这几处空间的边角处，尤其是顶面有管道通下来的位置。

渗漏易出现在顶面的边角部位（一）

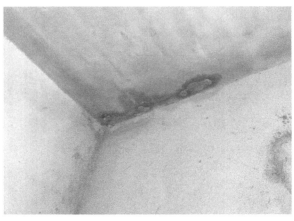

渗漏易出现在顶面的边角部位（二）

1.3.4　阴阳角检查

☑检查要点

（1）检查阴阳角线时，随着落在角线处的自然光线，移动测量工具。这个过程是利用同一束光线的均匀光照，检测阴阳角线水平度的变化，得出的结果很准确。这个方法需在光线充足时进行，否则可利用直角尺测量的方法检测。

直角尺检测阴阳角

（2）若阴阳角线的弯曲或水平差异不大，在后期的装修中可以弥补；若水平度差异明显，则建议联系开发商及时维修。

1.3.5　灯具和线盒检查

☑检查要点

顶棚灯具的预留及安装除特殊情况外应居中。顶棚过路线盒应有临时盖板装饰。

灯具预留位置示意

1.4 户内墙面检查

✂ 使用工具

响鼓锤　　　　　　　　　　小钢锤　　　　　　　　　　靠尺

⚙ 检查流程

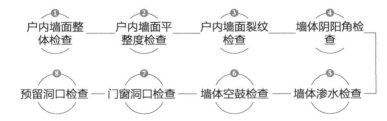

① 户内墙面整体检查 —— ② 户内墙面平整度检查 —— ③ 户内墙面裂纹检查 —— ④ 墙体阴阳角检查

⑧ 预留洞口检查 —— ⑦ 门窗洞口检查 —— ⑥ 墙体空鼓检查 —— ⑤ 墙体渗水检查

💡 注意事项

　　墙体靠近顶面处、剪力墙与普通墙体的衔接处（剪力墙可在房屋图纸上确定）、阳台与客厅的连接处都属于施工中的衔接位置，极容易产生裂痕。在进行裂纹检查时，应重点关注这些位置。

1.4.1　户内墙面整体检查

◢检查要点

（1）墙面不得外露预埋管线、拉结片、钢筋、钢丝网等。

有装饰层的墙面应无色差、掉皮等现象

（2）墙面应平整，无色差、脱粉、掉皮、污染以及明显的修复痕迹；墙面根部应刷高 80 ~ 100mm 的踢脚线。

墙面根部刷高 80 ~ 100mm 的踢脚线

（3）灰墙墙面应平整，强度应满足要求，无空鼓、起砂和裂纹；修补应规范，无乱写乱画。

灰墙墙面平整，无空鼓、起砂和裂纹

（4）当一面墙在 2m 范围内的修补多于 2 处时，需对该 2m 范围内的整面墙进行美化处理。但同时当整面墙有超过 5 处修补时，也应对整面墙进行美化处理。

修补部分应符合规范

1.4.2 户内墙面平整度检查

✎检查要点

户内墙面平整度检查可借助靠尺，将其紧贴墙面，轻轻地从一侧向另一侧保持匀速移动，不平整的位置即可轻松地检测出来。

靠尺检测墙面平整度（一）

靠尺检测墙面平整度（二）

1.4.3 户内墙面裂纹检查

检查要点

（1）做装饰的墙面，出现小且不规则的裂纹可能是由于施工原因或材料质量不佳引起的。灰墙若有 10cm 左右的短裂缝，一般都是抹灰层干燥过快导致的，均可在后期装修中修补。

白墙小裂纹

灰墙小裂纹

（2）若出现横向或纵向贯穿性裂纹，则可能是结构原因，应让开发商解决。

纵向贯穿性裂纹

1.4.4 墙体阴阳角检查

✐检查要点

墙体阴阳角应方正、顺直，无缺棱、掉角和明显的修复痕迹。

阳角方正、顺直，不缺棱

阴角方正、顺直，不缺棱

1.4.5　墙体渗水检查

✍ 检查要点

墙体渗水通常出现在靠近外立面的墙体上，一般在靠近地面的区域有成片出现的滴水、结雾现象。出现这类情况说明墙体内的保温层有渗漏问题。

靠近外立面墙体的地面区域易出现渗水

1.4.6　墙体空鼓检查

✍ 检查要点

用工具在墙面上依次敲击，能听见与其他部分不同空响的部位即为空鼓部位。

空鼓检查示意

1.4.7 门窗洞口检查

✎检查要点

（1）室内门应设门垛，门垛尺寸应满足装修需求，且最小宽度不应小于5cm。

门垛示意

（2）门洞处局部墙应与整体墙厚度相同；门窗洞口收口不宜吃框太深，有辅框时和辅框平齐，无辅框时压框3～5mm。

无辅框时压框3～5mm

窗洞采用压框形式

1.4.8 预留洞口检查

◢ 检查要点

（1）预留洞口的位置、高度、大小应满足后期使用要求；墙面预留洞口应规整无毛边。

（2）穿透外墙的预留洞口应里高外低，以防雨水进入室内。

（3）穿墙洞口内外两侧均应加设保护盖。

错误：未加保护盖

正确：加装保护盖

1.5 户内地面检查

✂ 使用工具

靠尺　　　　　　矿泉水瓶

⚙ 检查流程

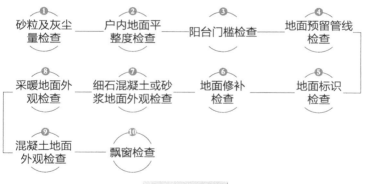

- ① 砂粒及灰尘量检查
- ② 户内地面平整度检查
- ③ 阳台门槛检查
- ④ 地面预留管线检查
- ⑤ 地面标识检查
- ⑥ 地面修补检查
- ⑦ 细石混凝土或砂浆地面外观检查
- ⑧ 采暖地面外观检查
- ⑨ 混凝土地面外观检查
- ⑩ 飘窗检查

💡 注意事项

　　地面的水平度检测非常重要。在后期装修铺装地砖和装地板前，一定要确保地面平整度达到要求。如果地面平整度达不到要求，就很有可能造成地板铺上后，踩踏的时候出现空响甚至加速地板老化。

1.5.1 砂粒及灰尘量检查

检查要点

（1）用鞋底摩擦地面或用扫把清扫地面，看地面沙粒的聚拢量及灰尘量。

（2）若清扫后房屋有明显的灰尘，其原因可能是水泥强度等级不达标或过期、砂子的含泥量过大或水泥砂浆的比例不当。

错误：砂粒量过多

正确：清扫后基本无灰尘

1.5.2 户内地面平整度检查

检查要点

（1）可以用 2m 靠尺进行"地毯式"的测量。方法是在同一位置进行交叉方向的测量，通过测量靠尺下方的空隙大小来判断。

（2）将矿泉水倒向地面，看水流的方向。若水流不动，则说明地面平整度良好；若水向一侧流动，则说明地面有向一面倾斜的问题。

2m² 内落差小于或等于 3mm 则平整度合格

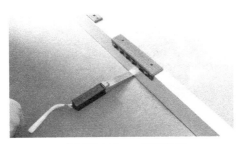

2m² 内落差大于 3mm 则地面不平

1.5.3　阳台门槛检查

◢ 检查要点

(1)阳台门下槛收口方式(一):与框平齐,预留足够装修高度。

阳台门下槛收口与框平齐

(2)阳台门下槛收口方式(二):与墙平齐,预留足够装修高度。

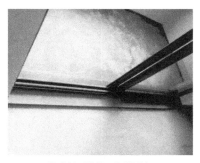

阳台门下槛收口与墙平齐

1.5.4 地面预留管线检查

检查要点

地面预留管线开槽宽度应一致，槽线边缘应整齐。

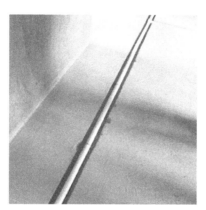

开槽宽度一致

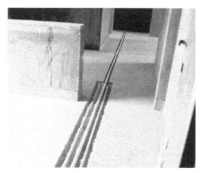

槽线边缘整齐

1.5.5 地面标识检查

⚿ 检查要点

（1）地面下有预埋管线时，应标明管线位置、类别、走向等信息。

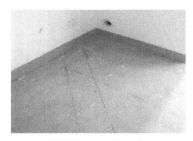

管线类别、走向信息标识

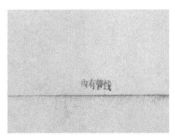

管线位置标识

（2）地面应标示房间净高数据。

标示房间净高数据

1.5.6 地面修补检查

✍ 检查要点

（1）地面不得外露拉结片、钢筋及钢丝网等。

（2）地面若有修补应规范美观。当一个房间地面的修补达到3处时，应整面刷浆处理。

修补应规范、美观

修补若超过3处，需做整面刷浆处理

1.5.7 细石混凝土或砂浆地面外观检查

✍检查要点

（1）地面表面应平整、洁净，无色差及明显接茬，无起砂、裂纹、空鼓、残留灰浆等现象。

地面平整、洁净，无色差及明显接茬

（2）墙、地交接处的阴角应方正顺直；无遗留砂浆、夹渣等。

墙、地交接处的阴角方正顺直

（3）不应出现为保证室内净高实测而进行的局部挖坑或者垫高的处理。

错误：为满足净高测量，局部挖坑处理

1.5.8　采暖地面外观检查

🔍 检查要点

（1）采暖地面应平整、无裂纹。

外观平整、无裂纹

（2）采暖地面应在与内外墙、柱及过门等交接处设置不间断的伸缩缝。采暖地面的伸缩缝缝宽应美观一致，但当其设置在不同位置时，宽度有不同的要求：墙边伸缩缝应连贯，宽度为 8 ~ 10mm；在过门处应设置伸缩缝，缝宽为 5mm。

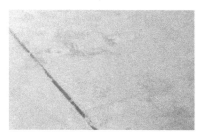

伸缩缝

（3）地热管线不得外露。

1.5.9 混凝土地面外观检查

检查要点

（1）当采用混凝土结构面直接交付时，主体施工应严格控制保护层厚度、混凝土强度。混凝土应进行两次收面成活并拉毛。

（2）应严格控制各施工内容的标高，避免出现吃框、预留偏低、错台等现象。

（3）管线布设用砂浆筑台保护，且方正美观。

管线筑台示意

1.5.10 飘窗检查

检查要点

（1）墙面批白房间飘窗台顶面设50mm线条。

批白房间飘窗台顶面设50mm线条

（2）飘窗台面压光收面。

（3）飘窗台面批白处理，应预留面层做法的厚度。

预留面层做法厚度

（4）飘窗台面不宜吃框太深，有副框时和副框平齐，无副框时压框3～5mm。

1.6 铝合金门窗检查

※ 使用工具

卷尺　　　　　　　塞尺　　　　　记事本、便签、笔

☼ 检查流程

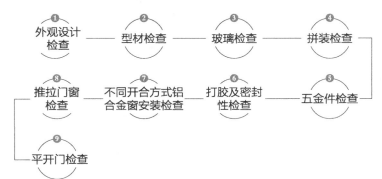

① 外观设计检查 —— **②** 型材检查 —— **③** 玻璃检查 —— **④** 拼装检查 ┐

┌ **⑧** 推拉门窗检查 —— **⑦** 不同开合方式铝合金窗安装检查 —— **⑥** 打胶及密封性检查 —— **⑤** 五金件检查 ┘

└ **⑨** 平开门检查

♡ 注意事项

（1）铝合金窗的受力构件应经试验或计算确定。未经表面处理的型材最小实测壁厚应大于1.4mm。

（2）铝合金门的受力构件应经试验或计算确定。未经表面处理的型材最小实测壁厚应大于2.0mm。

1.6.1 外观设计检查

◢检查要点

（1）门窗把手及合页与型材的颜色应协调匹配，窗的整体颜色协调、一致。

错误：颜色不协调

正确：颜色协调一致

（2）窗的形式分隔合理、美观大方，分隔的型材宜竖向宽度一致。大窗在固定时拼樘位置正确。

窗竖向分隔等宽

固定时拼樘位置正确

（3）门窗把手离地高度应合理，方便操作窗的开关；门窗把手禁止安装在扣条上。

把手距地面不宜过高

（4）转角或相邻的窗，开启后不能有"打架"现象。

转角或相邻的窗开启无"打架"现象

1.6.2 型材检查

📐 检查要点

（1）应满足设计及合同要求，且应有足够的强度，避免安装后型材出现变形及弯曲。

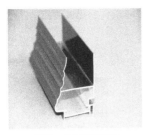 

错误：型材厚度过薄　　　　　　正确：型材厚度达标

（2）门窗面积过大时，型材框料必须有加强措施。型材加强中梃与结构应可靠连接，且加强中梃应位于门窗框外侧一面，不应位于室内。

错误：加强中梃位于室内　　　　正确：加强中梃位于门
　　　　　　　　　　　　　　　窗框外侧

1.6.3　玻璃检查

△检查要点

（1）7层及以上建筑物的外开窗，面积大于 1.5m² 的窗玻璃或玻璃底边离最终装修面小于 500mm 的落地窗，都应采用钢化玻璃。

（2）钢化玻璃上应有"CCC"标识，钢化玻璃应避免因工艺不完善而出现波纹。

印有"CCC"标志

成像无变形及横竖向波纹

成像呈竖向波纹

成像呈横向波纹

1.6.4　拼装检查

⚒检查要点

（1）门窗框与结构连接牢固，框与洞口之间封堵密实无透亮，框与洞口的打胶饱满，顺直美观且宽窄一致。

（2）门窗型材或扣条拼缝严密无缝隙，拼缝处型材或扣条表面无高低差；门窗扇关闭后，扇与框型材的内外表面宜平齐；扇与框之间应密封效果良好，严禁出现透光透风等现象。

关闭后扇与框型材的内外表面宜平齐

型材拼接严密无缝

（3）扇与框之间的缝四周大小统一，不应出现横缝和竖缝大小不一致的情况。扣条拼缝应严密无缝隙，拼缝处扣条表面无高低差，所有门窗玻璃扣条不得设置在室外。

（4）铝合金门窗组角应有注胶工艺。

1.6.5 五金件检查

◢检查要点

（1）反复转动把手，看把手是否灵活，若转动困难，则说明内部的五金件质量较差；在转动把手的同时，感受一下门窗锁移动是否协调。

（2）反复开关门窗扇，听合页是否有异常的响声，有响声说明合页内部有质量问题；用力地左右、上下摇晃门窗扇，看合页安装是否牢固。

（3）窗应设泄水孔，且泄水孔盖安装齐全。

窗应设泄水孔，且孔盖安装齐全

（4）工艺孔须安装孔盖。

工艺孔须安装孔盖

1.6.6 打胶及密封性检查

检查要点

（1）门窗打胶应饱满、顺直，宽度应合理均匀，不得与基层脱裂，不得使用与合同品牌不符的材料。

门窗打胶饱满、顺直

门窗主框与辅框之间没有打胶

打胶不饱满而透缝

打胶和墙面腻子脱裂

（2）玻璃密封胶宜采用人工打胶（不易脱落及老化），而不宜采用成品胶条。

（3）门窗所采用的螺栓必须为不锈钢材质。

1.6.7　不同开合方式铝合金窗安装检查

◢ 检查要点

（1）平开窗至少应采用两点锁；带合页的平开窗应设限位器；内平开窗应安装提升块。

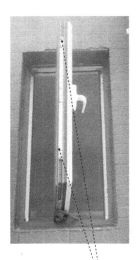

至少采用两点锁

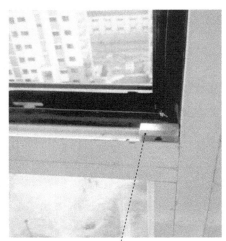

内平开窗安装提升块

（2）外悬窗开启距离不大于 300mm，当开启距离大于 300mm 时应设限位装置，开启高度距地大于 1.2m 的除外。

外悬窗开启距离不大于 300mm

外悬窗开启距离大于 300mm 应设限位器

（3）内开内倒窗重点检查五金件，应配置完备。

内开内倒窗安装示意（一）

内开内倒窗安装示意（二）

1.6.8 推拉门窗检查

◢ 检查要点

（1）来回推拉门窗，开启应顺滑无异响，活动以不紧、不松为标准。这样才可以保证门窗密封性与滑轨质量的良好。

（2）推拉门窗滑轨应顺直，且宽度不宜过窄。

推拉门窗安装规范

滑轨顺直，不宜过窄

（3）推拉门窗的把手安装高度要合理，方便推拉。推拉门内应设置扣锁和防撞块，门外宜设置扣手。

推拉门内设置防撞块

推拉门内设置扣锁

推拉门外设置扣手

1.6.9　平开门检查

◢检查要点

（1）铝合金门宜设置带锁点的多点锁；应有下门框。

平开门安装示意

（2）卧室和客厅向外的平开门应采用多点锁，厨房、入户花园等的平开门可以采用单点锁，至少应设置 3 个合页。

五金安装示意

1.7 塑钢门窗检查

✄ 使用工具

卷尺

塞尺

记事本、便签、笔

⚙ 检查流程

① 型材检查 —— ② 推拉门检查 —— ③ 门窗五金件检查

💡 注意事项

塑钢门窗除以上检查项目外，还包括与铝合金门窗相同的一些检查项目，可参考铝合金门窗检查部分的内容。

1.7.1 型材检查

检查要点

（1）门窗型材厚度应满足设计及合同要求，五金件配置齐全，并为设计及合同规定的品牌。

（2）门窗型材应有足够的强度，避免安装后型材出现变形及弯曲；如采用三玻的塑钢门，则不建议采用平开门。

（3）当门窗面积过大时，型材内衬必须有加强措施。

型材强度不够下坠变形

型材刚度不足变形

三玻平开门变形

1.7.2 推拉门检查

◢检查要点

（1）塑钢推拉门的门扇尺寸不宜过大；下槛安装应牢固水平，推拉无振动无异响。

推拉门窗安装规范

滑轨顺直，不宜过窄

（2）滑轮和轨道应配套；应安装防撞垫块和锁具。

塑钢门细节检查示意

1.7.3 门窗五金件检查

◢检查要点

（1）塑钢平开窗应安装提升块。

平开窗提升块

（2）螺栓应采用不锈钢材质。

非不锈钢螺栓易生锈

（3）纱窗应平整、顺直，无变形现象。

（4）当上悬窗开启扇大于300mm时应设置限位器，开启高度距地大于1.2m的除外。

上悬窗限位器

🧱 1.8 护栏检查

✂ 使用工具

小钢锤 　　　　　　　卷尺 　　　　　　　记事本、便签、笔

⚙ 检查流程

① 护栏安装检查 —— ② 阳台护栏尺寸检查 —— ③ 室内护栏尺寸检查

💡 注意事项

　　护栏的主要作用是保护家居生活的安全，可避免重物或孩童跌落。护栏检查主要是依据《住宅设计规范》（GB50096—2011）中对室内窗户护栏、阳台护栏等形式、外观、焊接、高度、宽度、间距、牢固性等的有关规定进行查验。

1.8.1 护栏安装检查

✍检查要点

（1）护栏表面无划痕、凹陷、弯曲或变形等情况。用坚硬物体敲击护栏，听声音的清脆程度，根据声音判断金属的厚度是否合格。

（2）轻微地晃动护栏，连接护栏与墙体的螺栓无松动。

护栏表面无划痕、变形等情况

护栏安装牢固

1.8.2 阳台护栏尺寸检查

检查要点

（1）6 层及以下建筑的阳台护栏不应低于 1.05m，7 层及以上建筑的阳台护栏不应低于 1.1m。

（2）护栏垂直杆净距不应大于 0.11m，底部横杆高度小于 0.1m。

（3）应避免易攀爬护栏的设计，以杜绝安全隐患及费用的增加；若易攀爬，则须安装护网增加安全性。

垂直杆净距不大于 0.11m

（4）阳台护栏墙面及底部盖板固定牢固；阳台护栏玻璃固定不得硬性连接，玻璃符合安全要求。

阳台护栏底部盖板固定牢固

阳台护栏墙面盖板固定牢固

（5）可踏面高度不大于0.45m，且宽度大于0.22m。

（6）当护栏较长时，应在中间做加强护栏刚度的措施。

长护栏在中间做加强护栏刚度的措施

1.8.3 室内护栏尺寸检查

✍检查要点

普通窗台护栏：当室内凸窗窗台的高度小于或等于450mm时，其防护高度从窗台面起算不应低于900mm；当室内凸窗窗台的高度大于450mm时，其防护高度从楼地面起算不应低于900mm。

普通窗台上的护栏高度应符合要求

1.9 厨卫检查

✂ 使用工具

压力表

水盆或水桶

乒乓球

打火机、纸

⚙ 检查流程

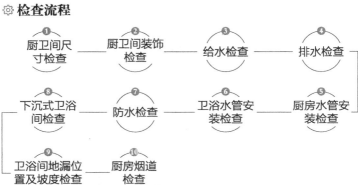

① 厨卫间尺寸检查 —— ② 厨卫间装饰检查 —— ③ 给水检查 —— ④ 排水检查

⑧ 下沉式卫浴间检查 —— ⑦ 防水检查 —— ⑥ 卫浴水管安装检查 —— ⑤ 厨房水管安装检查

⑨ 卫浴间地漏位置及坡度检查 —— ⑩ 厨房烟道检查

♡ 注意事项

封闭管道的打压试验非常重要，进行试验时一旦发现管道有渗漏可以要求开发商及时解决。若不进行打压试验，装修发生渗漏时，责任容易界定不清。打压试验可请水电工来完成，测试压力要大于平时水管运输水时压力的 1.5 倍，不能小于 0.6MPa。实施过程中一定要严格监督打压的时间，正常的观测时间为 3h 左右。

1.9.1　厨卫间尺寸检查

◢检查要点

（1）厨房、卫浴间的室内净高应大于或等于2.20m。

卫浴间净高

厨房净高

（2）卫浴间顶棚排水横管下表面与楼地面的净距应大于或等于1.90m，且不影响门、窗扇的开启。

（3）卫浴间楼地面应低于相邻楼地面0.015～0.02m。

1.9.2 厨卫间装饰检查

◢检查要点

（1）面层应保持一定粗糙度，抹灰面层平整，无裂纹、起砂、污染、色差及明显的修复痕迹。

（2）厨卫间顶棚应批白，阴角处设 3 ~ 5cm 翻边。

（3）门洞口应设 3 ~ 5cm 翻边。

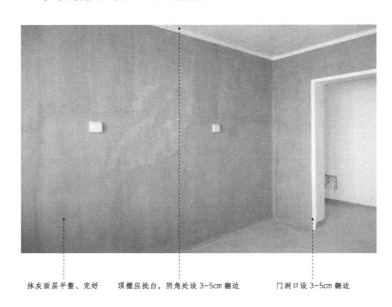

抹灰面层平整、完好　　顶棚应批白，阴角处设 3~5cm 翻边　　门洞口设 3~5cm 翻边

厨卫间装饰检查要点

（4）顶棚与管道或烟道的交接处应平整光滑，无漏批及渗漏痕迹。

（5）厨卫间地面应平整，无裂纹、起砂、空鼓、污染等现象。

（6）卫浴间防水保护层应平整、洁净，无裂纹、起砂等现象。

地面平整，无裂纹

防水保护层平整、洁净，无裂纹、起砂

1.9.3 给水检查

✍ 检查要点

（1）检测水压可以使用压力表，还可以将水龙头开到最大，通过水流的速度与冲击力来判断水压。一般压力好的水流向前溢出的位置较远；反之，水压较弱。

（2）如果是外露式的管道，可以打开水龙头，通过触摸的方式来查看有无渗漏现象。封闭的管道可以通过打压试验来测试有无渗漏现象。

给水打压试验

（3）检查水表是否安装到位，是否存在水表空走、阀门关不严或脱丝、连接件滴水等问题。若水表出现空走现象，则说明水表有损坏，或者室内存在漏水点。

1.9.4 排水检查

◢检查要点

（1）检测地漏是否畅通，可用矿泉水瓶盛水往地漏里倒水，若水流自然下渗，则说明地漏使用良好。

（2）用水盆接水倒入下水管内，观察并听声音，看厨卫间内的下水管有无堵塞情况。

排水检查

1.9.5 厨房水管安装检查

⚙检查要点

(1)管道的布设不应影响其他功能的使用。

错误：管道的布设影响排风的使用

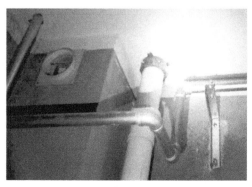

错误：燃气管道过低，影响厨房装修及布置

（2）厨房排水管应同层接出且应有向上弯头，高度保持在100~150mm。

正确：排水管有向上弯头

错误：排水管无向上弯头

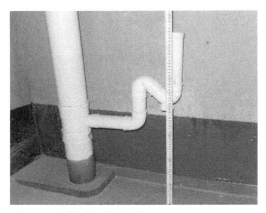

错误：水槽排水管口设置过高（超过150mm）

（3）各用气房间均应设置燃气主管道和分管道，煤气表、控制阀门应齐全；轻微地晃动燃气管道，支架与墙体固定应牢固；厨房燃气套管与管道间应采用防水密封材料嵌填压实，套管与土建洞口之间应封堵密实。

厨房天然气套管填塞符合要求

1.9.6　卫浴水管安装检查

检查要点

（1）卫浴间的给水管应高于地面，且严禁从楼地面直接穿入卫浴间，避免卫浴间内的水沿着楼地面穿入的给水管渗到卫浴间外。

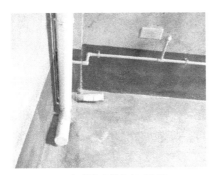

卫浴间的给水管应高于地面

（2）当卫浴间顶棚的排水横管过长时，要特别注意其设置的坡度应满足规范要求，避免因无坡或倒坡而影响排水畅通。

错误：卫浴间顶棚排水横管没有设置坡度

（3）卫浴间洗手盆排水管须设置存水弯，当地另行规定的除外。

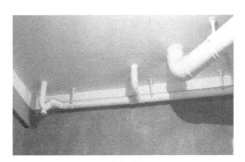

错误：卫浴间洗手盆排水管不设置存水弯

（4）卫浴间预留的马桶排水管与墙面的距离应符合设计要求（一般为 300~400mm），与其他部位的距离应适宜，不能影响各自的使用。

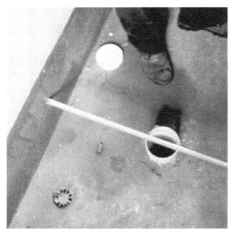

正确：马桶预留排水管与墙面距离符合要求

1.9.7　防水检查

◢ 检查要点

（1）淋浴区范围的界定为以喷头为中心 1.2m 半径范围内，墙面防水高度应大于或等于 1.8m，非淋浴区墙面防水高度应大于或等于 0.3m；防水层横竖向界面清晰，收头平齐。

（2）卫浴间墙面防水应翻到窗户洞口侧边至窗框处；卫浴间门口处防水应施工至门口外侧，收头平齐。

卫浴间墙面防水翻到窗户洞口侧边至窗框处

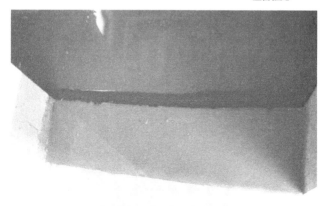

卫浴间门口防水应施工至门口外侧，收头平齐

（3）卫浴间排水立管根部应设混凝土止水台，且止水台周围以及墙角部位防水应做加强处理；防水要求上翻至管道。

防水上翻至管道

止水台周边做防水加强

1.9.8 下沉式卫浴间检查

✍检查要点

（1）卫浴间中间设置隔墙的，隔墙上的防水层应高于完成面 300mm。

隔墙防水层高于完成面 300mm

（2）下沉式卫浴间的防水层应高于完成面 300mm，厚度应满足要求，阴角处应倒圆角。

阴角处倒圆角

1.9.9 卫浴间地漏位置及坡度检查

◢检查要点

（1）卫浴间应设置地漏，其位置应尽量贴墙，不得设在洗手台下，宜设在坐便器与淋浴房中间或坐便器边上的角落位置。

卫浴间地漏位置示意

（2）地漏应设置在房间地面的最低点上。可以用乒乓球进行测试，从房间四个角分别向地漏方向滚动，乒乓球顺势滚到地漏位置为合格；也可冲水进行测试。

1.9.10　厨房烟道检查

检查要点

（1）厨房烟道上应配置止回阀；排气孔中心距地面大于或等于2.40m。

烟道配置止回阀

（2）厨房的烟道应与灶具位置相邻，烟道与排油烟机连接的进气口应朝向灶具方向。

（3）在烟道的开孔处附近点燃废弃的报纸，若烟雾被快速地吸进去，则说明烟道的通畅效果很好。在烟道的开孔处，用双手触摸烟道的内外两侧，感受烟道管壁的厚度。

烟道厚度大于1指为合格

（4）厨房墙面上应有强排孔（燃气热水器用），强排孔距楼地面应大于或等于2.2m。强排孔出墙无须设置风帽，但须设置装饰盖板。

1.10 阳台检查

✄ 使用工具

卷尺

乒乓球

手电筒

记事本、便签、笔

⚙ 检查流程

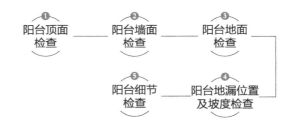

①
阳台顶面
检查

②
阳台墙面
检查

③
阳台地面
检查

⑤
阳台细节
检查

④
阳台地漏位置
及坡度检查

💡 注意事项

当洗衣机设置在阳台上时，应设置专用的给、排水管线及专用地漏。

1.10.1 阳台顶面检查

检查要点

（1）阳台顶棚应平整洁净，交界线清晰顺直，无咬茬；开敞式阳台的梁应与外墙同色。顶棚应采用外墙涂料施工，禁止采用室内腻子及涂料。

阳台顶棚平整洁净

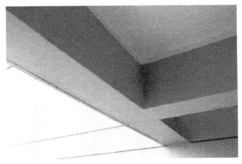

梁与外墙同色

（2）墙面为涂料时，顶棚下翻 30~50mm；墙面为石材、瓷砖（真石漆）的阳台顶棚交接面应界面清晰。阳台顶棚与立管交接处应平整、光滑、美观。

墙面为涂料时顶棚下翻 30~50mm

墙面为石材、瓷砖的阳台顶棚交接面界面清晰

（3）顶棚应采用外墙涂料施工，禁止采用室内腻子及涂料。

顶棚采用外墙涂料施工

（4）开敞式阳台顶棚外檐应设置滴水线或鹰嘴。

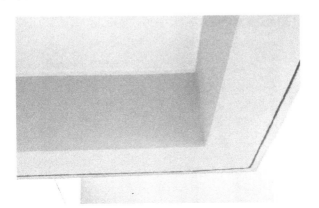

开敞式阳台顶棚外檐设置滴水线或鹰嘴

1.10.2 阳台墙面检查

✍ 检查要点

（1）阳台墙面应平整洁净，阳台石材墙面与真石漆墙面过渡自然。

石材墙面与真石漆墙面过渡自然

（2）阳台立管后墙面应平顺、光滑、美观。

立管后墙面平顺、光滑

1.10.3 阳台地面检查

📐检查要点

(1)阳台楼地面应低于室内楼地面。

地面高度示意

(2)阳台楼地面应无裂纹、起砂、空鼓、预埋管线外露等质量问题。

地面整体示意

1.10.4 阳台地漏位置及坡度检查

✍ 检查要点

开敞及功能性阳台应设置地漏，坡向地漏的坡度应正确合理；当阳台长度超过 5m 时，应设置两个地漏。

功能性阳台设置地漏

地漏应位于水管附近

1.10.5　阳台细节检查

◢检查要点

（1）开敞式阳台的排水管应与外墙同色。

（2）阳台楼地面管道根部应设锥形坡，锥形坡周边的防水应加强。

管道根部示意

（3）阳台门槛处应设混凝土台。

门槛示意

1.11 电气检查

✂ 使用工具

卷尺

万用表

相位检测仪

⚙ 检查流程

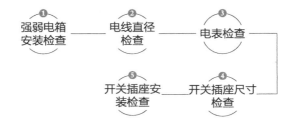

① 强弱电箱安装检查 —— ② 电线直径检查 —— ③ 电表检查

⑤ 开关插座安装检查 —— ④ 开关插座尺寸检查

💡 注意事项

　　开关插座检查的重点是接线是否正确，以及是否能够正常控制其通电与断电。对于开关插座自身的质量问题，由于后期装修时会全部重新更换，因此在不危害人身安全的情况下，检查时可次要对待。

1.11.1　强弱电箱安装检查

◢ 检查要点

（1）强弱电箱位置合理，安装方正。

（2）室内配电箱宜设置在隐蔽处，尽可能设置在入户门后或餐厅的不显眼处，嵌墙安装，应避免设置在客厅内。

（3）强电箱底边距地 1.8m 以上，弱电箱底边距地 0.3m 以上。

（4）电箱应安装方正，与墙面贴合紧密，无破损划伤，箱内配置齐全。

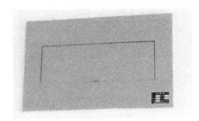

强电箱位置合理，安装方正

弱电箱位置合理，安装方正

（5）分别开关电箱内的分控开关，看室内相对应空间的灯泡是否明亮，以检测由电箱控制的室内电路的分布及使用是否正常。

（6）配电箱内标识应齐全，如果没有或不明确，应立即纠正；空位应安装盲板。

（7）电箱内的配件应安装牢固，可用力左右晃动每个空开来检查，看是否有松动的现象。

标识规范清晰

元件安装紧密，空缺位设盲板

1.11.2 电线直径检查

🔲 检查要点

（1）截面积 2mm² 电线的应用：客厅、餐厅、卧室、书房、阳台的常用插座。

（2）截面积 4mm² 电线的应用：客厅、餐厅、卧室、书房的空调插座，厨房和卫浴间的插座。

（3）电线的铜芯直径与负荷标准截面积之间的对应关系如下表所示。

铜芯直径/mm	负荷标准截面积/mm²
1.12	1
1.38	1.5
1.78	2.5
2.25	4
2.76	6

（4）准确掌握电线的截面积，可判断开发商是否偷工减料。

（5）电线的直径可以用卡尺来测量。

1.11.3　电表检查

✍ 检查要点

（1）切断配电箱内总开关或拔掉所有电器设备插头，确定没有设备在用电后，观察电表面盘上脉冲指示灯的闪烁情况。

（2）一般在 10min 之内没有闪烁或只闪烁 1 次，说明电表运行正常；若指示灯多次闪烁，则说明电表运行不正常。

（3）检查完毕后记录下数字，后期装修发生的电费应由施工方承担。

电表

1.11.4　开关插座尺寸检查

✍检查要点

（1）插座高度根据不同区域的功能设置，同一类型的插座高度一致；普通插座底部距地（建筑完成面）宜为 0.3m。

插座底部距地 0.3m，同一类型的插座
高度一致

（2）开关底部距地（建筑完成面）高度宜为 1.3m。

（3）开关面板边距墙边宜为 0.15 ~ 0.2m。

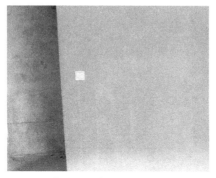

开关面板边距墙边宜为 0.15~0.2m

1.11.5 开关插座安装检查

✍ 检查要点

（1）露台、开敞式阳台、卫浴间内均应采用安全防溅型插座和开关。开关插座面板与墙体间收口美观，无空隙和修补毛刺，安装牢固。

防溅型插座

防溅型开关

（2）使用插座检测仪，通过观察验电器上 N、PE、L 这 3 盏灯的亮灯情况，判断检验插座的接线是否正确。

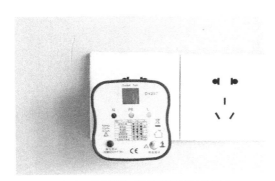

观察验电器液晶屏，即可判断接线正确与否

（3）插座分别插上带有指示灯的插排，灯亮表示有电。然后拉下电箱内的插座开关，指示灯灭证明插座接线良好。若开关拉下时指示灯仍亮或仍在闪烁，则说明接线有误，应立即修复，否则有触电危险。

观察指示灯，即可判断接线正确与否

1.12 空调及采暖检查

✂ 使用工具

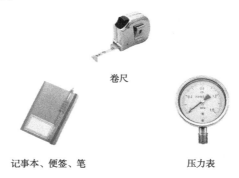

卷尺

记事本、便签、笔

压力表

⚙ 检查流程

① 空调检查 —— ② 采暖检查

💡 注意事项

空调的主要检查项目为空调孔的位置和设计、离地距离以及插座的位置和距离等；采暖主要检查安装是否牢固和有无渗漏现象。

1.12.1 空调检查

◢◢检查要点

（1）客厅、卧室、书房及空中花园均应预留室外机位置，其位置的布置应考虑冷媒管和冷凝水的走向，不能影响户内的视觉感受。

（2）客厅根据面积大小，宜设置一种空调形式（挂机或柜机）的插座及空调洞。

（3）空调室内挂机的插座和空调洞应在室内机同一侧且不宜过远。插座低于空调洞且不低于 1.8m。

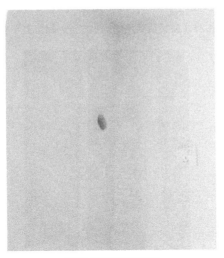

插座与空调洞位置协调

（4）空调洞的高度宜为 2.1~2.4m，直径宜为 80mm，并向外倾斜，内外两侧应安装装饰盖板。

空调洞内外两侧安装装饰盖板

（5）空调冷凝水应设置专用的排水立管，且位置不得阻挡空调洞。

空调排水立管不得阻碍空调洞

（6）空调室内柜机的空调洞中心距地面完成面宜为 0.15m，空调洞直径宜为 80mm，插座不宜离洞口过远。

柜机空调洞中心距地面完成面 0.15m

（7）空调室外机位立板应满足室外机尺寸（应考虑排水立管占用的空间），且不得遮挡室外机散热。

（8）易积水的空调板应设置地漏，防止积水向户内渗透。

（9）检查出风管、冷凝水出水管、温控开关以及出风口的位置是否正确，各部分是否安装牢固。

穿阳台的冷凝管坡度合理，无遮挡

1.12.2 采暖检查

⚿检查要点

（1）按房间详细查看暖气管道，各管道的接头部位是否漏水漏气，并查看打压试验记录，然后查看暖气片的安装是否严密、牢固。

暖气片位置合理，安装牢固，表面无划痕

（2）地采暖集分水器安装规整，离墙距离合理，与温控开关连接线应暗埋；散热器安装牢固，表面无碰损及污染。

地采暖集分水器安装规整

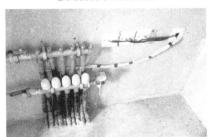

错误：集分水器温控开关连接线没有暗埋且外露过长

错误：地采暖集分水器处收管安装不规整

1.13 屋面检查

✄ 使用工具

卷尺

塞尺

记事本、便签、笔

⊙ 检查流程

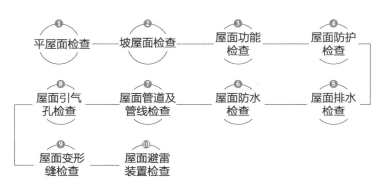

1.13.1　平屋面检查

⚒检查要点

（1）屋面分隔缝设置规范，填塞密实；屋面分隔缝及阴角处做防水加强；分隔缝纵横间距不宜大于 6m，缝宽 20mm 并嵌填密封材料。

屋面分隔缝及阴角处做防水加强

（2）屋面应无裂纹、空鼓、起砂及污染；面砖无破损、脱落及缺棱掉角，且已经完成勾缝。

面砖无破损、脱落及缺棱掉角

105

1.13.2 坡屋面检查

✍ 检查要点

（1）坡屋面挂瓦规范，瓦无污染、破损、脱落，颜色搭配均匀，檐口收头规范，砂浆填塞抹面规范。

檐口收头规范　　　　　　　　　　　　　挂瓦规范、整齐

坡屋面检查要点

（2）天沟排水坡度、坡向正确，交接部位防水构造正确。

1.13.3 屋面功能检查

📐检查要点

（1）屋面上的墙面及构架方正、顺直，且面层涂料施工无遗漏。穿墙、板管道的洞口封堵和修复已经完成。金属构件及设施、设备安装牢固可靠并做好防雷接地，焊接点及螺栓无生锈。

（2）通向屋面的门洞口上方应设置雨篷，雨篷高度合理，能有效起到遮雨效果。

屋面出入口处设置雨篷，高度合理

（3）出屋面的门洞底部应设置高于完成面 250mm 的混凝土反坎。

（4）屋面女儿墙压顶外侧应设挑檐，挑檐下口加设滴水槽或鹰嘴。压顶坡向屋面。

女儿墙压顶外侧应设挑檐

（5）屋面管道及管线位置布置合理，避免占用通道空间。管线布设不妨碍疏散通道的通行。管道及管线安装规范，防腐及保温做法完善，无遗漏和损坏。

错误：上人屋面疏散通道被消防管道阻挡

（6）爬梯应固定牢固，高度不宜过低，以避免儿童攀爬。爬梯表面应进行防锈及刷漆处理。

爬梯表面进行防锈及刷漆处理，安装牢固

错误：上人屋面爬梯设置过低，且不美观

109

1.13.4 屋面防护检查

📐 检查要点

（1）上人屋面女儿墙的高度应不低于 1.1m，且不大于 1.5m；不上人屋面的女儿墙高度可不考虑。每隔 12m 应设伸缩缝。

女儿墙每隔 12m 应设伸缩缝

（2）上人屋面和非上人屋面宜采用栏杆隔离。屋面防护栏杆的高度大于 1.1m，在管道处或伸缩缝处应满足防护高度要求。

屋面防护栏杆高度大于 1.1m

1.13.5　屋面排水检查

◢检查要点

（1）屋面按照设计要求找坡，排水畅通并且无积水现象。排水沟宜沿女儿墙设置，不宜设置在屋面的中心部位。

（2）排水口处应设立式篦子（防止淤塞）且固定牢固。屋面反坎应留过水孔。

屋面反坎留过水孔

（3）高屋面向低屋面排水时，在雨水管下端应设置水簸箕。雨水篦子安装位置正确，固定牢固，无堵塞。

雨水篦子安装牢固，坡度合理

高屋面向低屋面排水时，雨水管下端
设雨水簸箕

1.13.6 屋面防水检查

✎ 检查要点

屋面无渗漏，防水上翻高度满足要求，防水收头方式正确且隐蔽，需做防水加强的部位已经加强。

屋面防水收头形式一：收头压入防水压条底部

屋面防水收头形式二：收头压入墙面凹槽内

阴阳角部位防水加强

屋面防水加强层收头形式

1.13.7 屋面管道及管线检查

检查要点

（1）上人屋面的排水通气管（厨房、卫浴间排水立管伸出屋面）应高出屋面或平台地面 2m；当周围 4m 之内有住户门窗时，应高出门窗上口 0.6m。

（2）排水通气管的套管应高于完成面 0.25m，套管封堵密实、规范，无渗漏。

套管封堵密实，无渗漏

（3）烟道和风道风帽安装牢固美观。平屋面烟道和风道高度大于或等于 0.6m，且不得低于女儿墙高度。

烟道和风道风帽安装牢固美观

1.13.8 屋面引气孔检查

◢ 检查要点

（1）屋面应设带向下弯头的引气孔，孔口到屋面完成面的距离应大于或等于 250mm。

（2）管道根部应做防水加强层，防水卷材采用套箍固定。

管道根部做防水加强层　　　　　管道根部防水卷材采用套箍固定

（3）引气管周边应做加固措施。

引气管周边做加固措施

1.13.9　屋面变形缝检查

◈检查要点

屋面变形缝构造施工规范且安装合理，上人屋面变形缝处应设置台阶。

屋面变形缝构造施工规范

屋面变形缝管道安装合理

上人屋面变形缝处设置台阶（一）

上人屋面变形缝处设置台阶（二）

1.13.10 屋面避雷装置检查

检查要点

屋面避雷装置牢固可靠，避雷带顺直，固定点支撑件的间距均匀且不大于1m；屋面金属物都要与避雷装置连接。

避雷带在转角处做圆弧圈

避雷带固定点支撑件的间距均匀且
不大于1m，固定牢固

1.14 外墙检查

✂ 使用工具

卷尺

塞尺

手电筒

记事本、便签、笔

⚙ 检查流程

❶ 石材外墙检查 —— **❷** 板材外墙检查 —— **❸** 涂料外墙检查 —— **❹** 面砖外墙检查

❼ 空调百叶形式检查 —— **❻** 排水管和变形缝检查 —— **❺** 外窗洞口检查

💡 **注意事项**

外墙不同材质的交界处应使用线条分割；设置分割线条有利于外墙砖上口的防水处理。

1.14.1 石材外墙检查

🔷检查要点

（1）石材表面平整，无破损、污染。

（2）收口、拼缝正确，无明显色差；安装牢固，无缺棱掉角；密封胶光滑顺直；外窗台石材应采用整块石材向外铺贴。

（3）石材线条方正顺直，滴水构造规范。石材表面已经涂刷保护剂，挂件打胶后对石材无侵蚀。

外墙石材阳角企口形式（一）

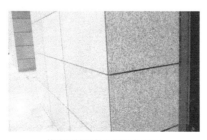

外墙石材阳角企口形式（二）

1.14.2　板材外墙检查

◢检查要点

（1）表面洁净，分布合理，色泽均匀一致；无返碱、污染现象。

（2）勾缝顺直美观；粘贴牢固，无空鼓及缺棱掉角，外墙板材平整；勾缝、收口规范。

勾缝顺直美观　　粘贴牢固，无空鼓及缺棱掉角

1.14.3　涂料外墙检查

检查要点

（1）表面平整、洁净，无污染、褪色、裂纹、空鼓及明显的修补痕迹，色泽均匀无色差。

分隔缝采用成品塑料条或美纹纸，禁止采用手绘

（2）涂料厚度达到要求，无透底现象；质感涂料细节施工规范、美观；涂料对其他部位无污染；分隔线条顺直，设置规范，无假缝。

外墙涂料在门窗边的收口整齐顺直

121

1.14.4 面砖外墙检查

检查要点

（1）外墙面砖平整，勾缝规范；墙面砖无返碱现象。

（2）线条上表面面砖须向外有坡度铺贴；面砖排版合理美观，上檐口面砖须向外有坡度铺贴；门洞外侧收口正确。

线条上表面面砖向外有坡度铺贴

墙面砖返碱

1.14.5　外窗洞口检查

检查要点

（1）外窗台面砖须向外有坡度铺贴且和窗之间的缝隙应打胶密实；外窗台完成面不应阻塞窗户的泄水孔。

外窗台向外有坡度

（2）外窗楣滴水线不应到洞口侧面。

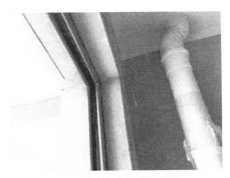

外窗楣滴水线不应到洞口侧面

123

1.14.6 排水管和变形缝检查

检查要点

（1）外墙排水管、冷凝管与墙体同色，也可根据设计造型风格确定；外墙排水管不应阻碍室内采光和视线。

（2）变形缝与墙体同色。

外墙排水管、冷凝管与墙体同色

外墙排水管、冷凝管根据设计造型风格确定

1.14.7 空调百叶形式检查

◢检查要点

（1）百叶叶片形式：叶片向外倾斜利于排水；叶片间距宜为11～13cm。

叶片向外倾斜有利于排水

（2）方通形式：方通间距不能过大；方通线条间距均匀，线条宽度一致。

方通间距过大而影响美观

（3）铝板镂花形式：线条宽度一致。

（4）铁艺形式：表面应无生锈。

1.15 大堂检查

※ 使用工具

卷尺

塞尺

手电筒

记事本、便签、笔

⚙ 检查流程

① 大堂功能检查 —— ② 大堂墙面检查 —— ③ 大堂顶棚检查 —— ④ 大堂地面检查

⑥ 大堂门禁检查 —— ⑤ 大堂单元门检查

💡 注意事项

（1）大堂单元门有门槛时，门槛不应高于地面装饰完成面，否则对于无障碍通行会有影响。

（2）如果采用铝合金，则要求其型材厚度大于或等于 2mm。

1.15.1 大堂功能检查

✍检查要点

（1）大堂单元门的净宽应大于或等于1.1m。

单元疏散外门净宽不小于1.1m

（2）大堂内外地面应有高差，并以斜坡过渡。

（3）大堂单元门不应设置高出地面的门槛。

不应设置高出地面的门槛

1.15.2 大堂墙面检查

检查要点

（1）板材对称，排布合理无窄条，粘贴牢固；表面洁净、色泽一致，无裂痕缺损；嵌缝密实、平直，宽度、深度以及嵌填材料色泽一致；孔洞应与套割大小吻合，边缘整齐；拼花完整无破损。

（2）表面平整度、垂直度符合要求；涂饰均匀，无起皮、漏涂、透底和发霉，无流坠、疙瘩和刷纹；不同材料及颜色的交界无咬色。

（3）石材纹路拼接自然；墙砖排布合理美观，粘贴牢固，平整洁净无返碱；勾缝密实平直。

石材纹路拼接自然

1.15.3 大堂顶棚检查

🖎**检查要点**

（1）大堂顶棚表面平整、洁净，无污染，无明显修补痕迹，色泽均匀无色差。

顶棚表面平整、洁净，无污染

（2）阴阳角方正，吊顶线条方正顺直。

阴阳角方正

1.15.4 大堂地面检查

检查要点

大堂地面砖或石材粘贴牢固无缺损；材料拼缝（拼花）对齐，相邻板块无明显高低差；嵌缝密实、平直，宽度一致。

地面砖或石材粘贴牢固无缺损

嵌缝密实、平直，宽度一致

1.15.5　大堂单元门检查

检查要点

（1）大堂单元门的门扇不宜过大，且应有能自行关闭的功能。

（2）在人视线高度设警示线条，防止碰撞；大堂单元门应设置门框、门吸、闭门器和地弹簧。

门扇不宜过大，在人视线高度设警示线条

门框、门吸、闭门器和地弹簧齐全

1.15.6 大堂门禁检查

✍检查要点

大堂室外的门禁及可视对讲机应设置在便于开门操作及雨篷遮雨的范围内。

正确：门禁靠近门开启的位置

错误：门禁远离门开启的位置

1.16 电梯前室检查

✂ 使用工具

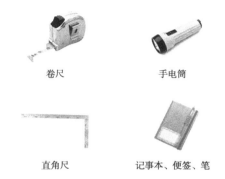

卷尺　　　　　　　　　　　手电筒

直角尺　　　　　记事本、便签、笔

⚙ 检查流程

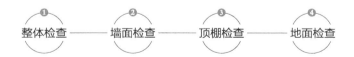

① 整体检查 —— ② 墙面检查 —— ③ 顶棚检查 —— ④ 地面检查

♡注意事项

　　电梯前室是为了方便人使用电梯以及出现紧急状况时逃生使用的。在检查时，电梯前室不得用作他用或被私人占用。

1.16.1　整体检查

✍检查要点

　　电梯前室面层装饰平整、线条顺直、无污染及渗水痕迹；公共管线不应明露在电梯前室。

装饰平整、线条顺直，无明露管线

管线及表箱设置在公共走道

1.16.2　墙面检查

◢检查要点

墙砖排布合理美观，粘贴牢固，平整洁净无返碱；勾缝密实平直；墙面涂料平整光滑，色泽均匀一致。

墙砖排布合理美观，粘贴牢固

墙面涂料平整光滑，色泽均匀一致

135

1.16.3 顶棚检查

◢检查要点

顶棚平整洁净，无明显修补痕迹，色泽均匀；阴阳角方正，线条顺直，机电、消防设置合理美观。

顶棚平整洁净，色泽均匀

阴阳角方正，线条顺直

1.16.4 地面检查

检查要点

（1）地面装饰平整，地砖排布合理，无窄条，无空鼓；相邻地砖之间无高低差；涂料墙面应有踢脚线。

涂料墙面有踢脚线

（2）电梯前室地面与楼梯间地面的交接部位应采用过门石；电梯口地面应向电梯前室有正向坡度。

电梯口地面向电梯前室有正向坡度

1.17 楼梯间检查

※ 使用工具

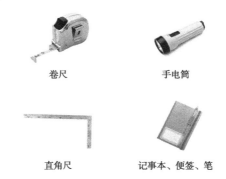

卷尺   手电筒

直角尺   记事本、便签、笔

☼ 检查流程

① 功能检查 —— ② 楼梯扶手 —— ③ 楼梯踏步

♡ 注意事项

　　楼梯平台上部及下部过道处的净高应大于或等于 2m；梯段净高不宜小于 2.2m。

1.17.1 功能检查

◢检查要点

（1）顶层楼梯间的照明灯应设为壁灯，不宜设置在顶棚。

（2）楼梯间防火门下部不应设门槛，同时还应满足当地的消防验收要求。

顶层楼梯间照明不宜设置在顶棚

楼梯间防火门下部不应设门槛

1.17.2 楼梯扶手

检查要点

（1）楼梯间两侧邻墙时，需在一侧设置扶手；顶层楼梯扶手下部应设止水台。

（2）公共楼梯到楼梯扶手中心的距离不应小于 1.1m；顶层楼梯扶手水平段的高度不应小于 1.05m；栏杆高度应大于或等于 0.9m，垂直杆净距应小于或等于 0.11m。

扶手栏杆高度不小于 0.9m

顶层楼梯扶手水平段的高度不应小于 1.05m

1.17.3 楼梯踏步

检查要点

（1）楼梯踏步面层应有相应的防滑措施。

（2）楼梯踏步应设滴水槽且贯通；有饰面时踏步设止水台；采用大理石饰面且无止水台时，饰面材料应突出踏步侧面，在底部设滴水槽。

楼梯间有饰面时踏步设止水台

无止水台时大理石饰面突出踏步侧面

141

1.18 电梯检查

※ 使用工具

卷尺

手电筒

记事本、便签、笔

⚙ 检查流程

轿厢检查 —— 机房检查 —— 运行检查

💡注意事项

电梯井道不宜紧邻卧室、客厅布置，紧邻时应采取减噪措施。

1.18.1 轿厢检查

✍️ 检查要点

（1）电梯轿厢内应至少有一种紧急报警装置。

（2）轿厢门面无刮痕，门及层门开关平顺；安全触板或安全光幕反应灵敏。

（3）轿厢内的灯具和排风扇反应灵敏，运行正常。

轿厢内部无明显刮痕

1.18.2 机房检查

⚿ 检查要点

（1）电梯机房内设置排风扇（包括配置空调的机房），且排风扇应具备防雨措施。

电梯机房内设置排风扇

排风扇有防雨措施

（2）电梯机房内各种设备配备齐全，安装牢靠，各种标志齐全明显；机房内电梯紧急救援工具应悬挂在便于操作的位置，并设置明显标识。

（3）进入电梯机房的爬梯位置和高度合理，安装牢固，使用方便。

1.18.3 运行检查

⚄检查要点

（1）消防专用电话已接通，五方对讲开通。

（2）摄像头安装在内呼盒面板斜对角的轿厢顶部，功能正常。

（3）曳引机安装位置合理，不宜过于靠近墙面，以免影响运行的平稳性。

曳引机安装牢固，位置合理

（4）电梯运行无异响，无剐蹭，平层调整到位，无下坠。

1.19 设备井检查

✂ 使用工具

卷尺

手电筒

记事本、便签、笔

⚙ 检查流程

①整体检查 —— ②防火封堵检查

💡注意事项

　　水暖井如有砌体墙，其底部应做 200mm 高的混凝土反坎。水暖井楼地面坡向地漏。穿板管道的套管与管道之间应按要求填塞密实。水井内暖气管道应做好保温。

1.19.1 整体检查

✍️检查要点

（1）设备井内的土建及装饰施工完成；墙面及顶板不得裸露基层而无装饰面。

（2）楼地面垫层已经完成，且收面平整、洁净，无垃圾杂物。

（3）穿墙或楼板洞口封堵完成，收口整齐；管道布设整齐且标识完整；穿板管道应设置套管，且高于楼板完成面。

设备井内管道标识完整

（4）设备井内照明已经接通，且照明开关应设置在井道内。

1.19.2 防火封堵检查

✍️检查要点

设备井内防火封堵规范，桥架内及周边防火封堵严密。

桥架周边封堵严密，采用专用防火材料进行密封

1.20 公共出入口检查

✂ 使用工具

卷尺

记事本、便签、笔

⚙ 检查流程

❶ 整体检查 —— ❷ 台阶 / 坡道检查

💡 注意事项

单元门外地面不应采用室内光面瓷砖铺贴，以免雨天行人滑倒及瓷砖破碎。

1.20.1 整体检查

📐 检查要点

（1）公共出入口处应设置雨篷，雨篷的位置、高度及宽度合理，能够起到有效的遮雨效果。雨篷顶部应做有组织排水。

（2）大堂单元门室内外地面应有高差，且用坡度过渡；大堂单元门入口外地面应有坡向汇水区的坡度。

大堂门室内外地面有高差，且用坡度过渡

地面有坡向汇水区的坡度

1.20.2 台阶／坡道检查

检查要点

（1）公共出入口台阶的高度超过 0.7m 且侧面临空时，应设置高度大于或等于 1.05m 的防护栏杆。

（2）公共出入口台阶的踏步宽度宜大于或等于 0.3m，高度小于或等于 0.15m 且大于或等于 0.1m；踏步高度均匀一致，应采取防滑措施；石材踏面应进行磨角处理，当高差不足 2 级踏步时，应按坡道设置。

单元门出入口外台阶踏步高度及宽度满足要求

（3）残疾人坡道的栏杆扶手应设置上下两道。坡道净宽应大于或等于 1.2m，坡道坡度不宜大于 1 : 12。

残疾人坡道的栏杆扶手设置上下两道

1.21　地下车库检查

✄ 使用工具

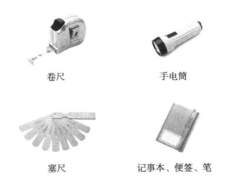

卷尺　　　　　　　　　　手电筒

塞尺　　　　　记事本、便签、笔

⚙ 检查流程

① 结构检查 —— ② 装饰检查 —— ③ 地库汽车坡道出入口检查

♡ 注意事项

穿外墙管道周边不渗漏，管线有防锈处理；管道标高合理协调，离地高度大于 2.1m；消防布置合理，不影响车辆正常停靠。

1.21.1 结构检查

◢检查要点

（1）结构尺寸无明显偏差，无变形及裂缝，车库无上浮。

（2）顶棚、墙体、地面无漏水，无明显湿渍。

顶棚无漏水和明显湿渍

地面无漏水和明显湿渍

1.21.2　装饰检查

✍ 检查要点

（1）墙面及顶棚表面无污染、发霉、脱皮。

表面无污染、发霉、脱皮

（2）地面坡度及坡向符合要求，表面平整，耐磨层完好，无空鼓、裂缝和起砂麻面现象。

表面平整，耐磨层完好

1.21.3　地库汽车坡道出入口检查

✍检查要点

（1）出入口地面应有防滑构造，防滑层应坚固耐用；车库坡度入口处道路路面应起坡；坡道与其他车道交汇处应设减速带。

（2）入口处应设置结构性挡水、截水设施，车库坡道末端的截水沟应完整贯通；两侧侧墙应设置防攀爬设施。

车库坡度入口处路面起坡

车库入口处地面截水沟完整贯通

第 2 章
精装房验收

精装房又称成品房。精装房注重的是每一个细节部分的推敲，验收方式最好是边做边验收，因为工程是分阶段进行的，若验收有问题可以随时解决，但在入住前还是需要一场细致的验收，才能安全入住。除了要先做好验收前的准备工作，由于各项工程的验收重点不同，因此还要依工程特性进行验收。

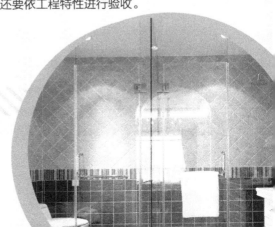

2.1　精装房验收与毛坯房验收的重叠部分

✖ 使用工具

卷尺

手电筒

记事本、便签、笔

⚙ 检查流程

文件检查 ——— 入户门检查 ——— 窗户检查

💡 注意事项

　　精装房与毛坯房的最大区别是其室内硬装已完成，因此除室内部分验收项目有部分不同外，验收步骤是基本相同的，验收项目也有很大的重叠部分，包括文件类型、入户门的验收、窗的验收以及公共区的验收等。

2.1.1 文件检查

✍️检查要点

（1）要有《室内环境污染物检测报告》。只有带"CMA"标识的报告才是国家认可的经最权威检测机构检测的报告，否则是无效的。

（2）装修材料确认单，记录材料品牌、款式和型号，验收全装修房时需要核对。

（3）室内装修部分的保修协议，标明保修项目和时间等。

《室内环境污染物检测报告》范例

2.1.2 入户门检查

检查要点

（1）门的开启、关闭应顺畅，无特别声音。门间隙不应太大（特别是门锁的一边），门四边要紧贴门框。

（2）门锁应运作自如，安装牢固；门把手应牢固。

（3）门上油漆应完好无缺，门内外面应光滑平整且无磕碰。

（4）入户铃、可视对讲、紧急呼叫按钮应工作正常。

（5）入户后观察猫眼是否有松动、不清晰、视野不全或因有异物无法看清楚等问题。

入户门检查

2.1.3　窗户检查

✐ 检查要点

（1）窗户是否渗水；窗台云石是否崩裂；窗户与混凝土接口有无缝隙；窗户玻璃是否完好。

（2）塑钢窗、断桥铝关合是否严紧。

（3）窗户油灰饱满，粘贴牢固，油漆应色泽一致，表面不应有脱皮、漏刷现象。

（4）窗户开启、关闭是否顺畅，关闭后密闭性是否良好，窗体有无变形。

（5）纱窗的安装是否和窗把手有摩擦，起扣紧作用。

窗户检查

🏠 2.2 吊顶检查

✂ 使用工具

卷尺　　　　　　手电筒　　　　　　直角尺　　　　记事本、便签、笔

⚙ 检查流程

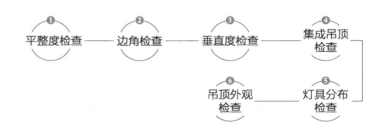

平整度检查 ── 边角检查 ── 垂直度检查 ── 集成吊顶检查

吊顶外观检查 ── 灯具分布检查

💡 注意事项

　　边角处的施工好坏说明了吊顶施工水平的高低。因此，可根据造型顶的边角处理判断房屋整体木作施工的水平。

2.2.1 平整度检查

检查要点

（1）吊顶表面应平整，无起拱、塌落及凹凸不平等现象。

吊顶面平整，无起拱、塌落及凹凸不平

建筑顶面平整，无起拱、塌落及凹凸不平

（2）还要细心观察石膏板吊顶的板材接缝处，乳胶漆涂刷是否无缝隙。

2.2.2　边角检查

◢检查要点

（1）检查造型顶时，主要是观察造型顶边角处的细节处理。边角应平直，无歪斜、弯曲。

边角平直、方正

（2）看边角处的乳胶漆涂刷是否均匀，有无流坠、结块等现象。

边角涂刷无流坠、结块等现象

2.2.3 垂直度检查

◢检查要点

（1）吊顶与墙面应成 90° 角，且配合严密。

吊顶与墙面成 90° 角

（2）吊顶与墙面相交处的阴角平直，无弯曲的情况。

阴角平直、无弯曲

（3）吊顶的标高和规格符合设计要求。

163

2.2.4　集成吊顶检查

✍检查要点

（1）金属板的边角处应无翘边、凸起等状况。

金属板边角处无翘边

（2）吊顶整体应平整光滑；扣板与扣板之间的衔接紧密程度一致，无大的裂缝。

扣板与扣板之间的衔接紧密程度一致

（3）可将集成吊顶拆卸下一块，检查金属板与轻钢龙骨的固定程度。若拆卸时很困难，说明集成吊顶的整体质量优秀。

（4）查看集成吊顶花型的拼贴，应无拼接错误。

2.2.5 灯具分布检查

检查要点

主要检查镶嵌在吊顶内部的筒灯、射灯的分布。观察筒灯的分布是否在一条直线上，筒灯与筒灯之间是否保持相同的距离。一般相邻筒灯之间的距离保持在 900mm 是较为理想的。检查时，可根据这一距离判断吊顶灯具分布的合理性。

筒灯分布在一条直线上，且间距相同

2.2.6 吊顶外观检查

检查要点

（1）检查吊顶是否有裂缝，是与横梁平行还是成一定角度。

与横梁平行的裂缝

（2）查看顶面有无渗水情况或痕迹，是否有麻点；吊顶漆面部分是否有掉皮或长霉菌的现象，漆面涂刷是否均匀，有无流坠、漏刷、结块等现象。

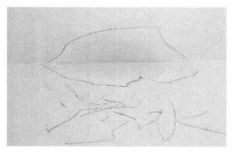

渗水位置做好标记

2.3　墙漆或涂料检查

※ 使用工具

靠尺　　　　　　　　　　记号笔　　　　　　　　　　直角尺

⚙ 检查流程

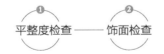

①平整度检查 —— ②饰面检查

♀ 注意事项

　　检查墙身的裂纹时，应特别注意墙身与墙角的相接处，这个位置非常容易出现裂纹。若不仔细检查，小裂纹很可能会变成大裂纹，甚至脱皮。

2.3.1 平整度检查

◢检查要点

（1）墙壁整体应平滑，边角应横平竖直。

（2）墙身应无特别倾斜、弯曲、起浪、隆起或凹陷的地方，面层无裂纹等缺陷。

用靠尺检查墙面平整度

用直角尺检查边角

2.3.2 饰面检查

检查要点

漆面色泽一致，无明显色差，表面无脱皮、漏刷、起泡、流坠等现象。墙身、墙角接位处无水渍。

漆面色泽一致

墙面整体无明显色差

漆面完好，无缺陷

墙身、墙角接位处无水渍

（1）若有拼花设计，应重点检查有无透底、返碱、咬色等现象。

（2）漆面与插座、开关面板等衔接位置应平整、无凸起。

2.4 墙面砖检查

✂ 使用工具

靠尺　　　　　　　　直角尺　　　　　　　　空鼓锤

⚙ 检查流程

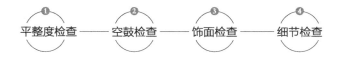

① 平整度检查 —— ② 空鼓检查 —— ③ 饰面检查 —— ④ 细节检查

💡 注意事项

墙砖铺贴允许偏差		
表面平整度	**立面垂直度**	**阴阳角方正**
允许偏差3mm	允许偏差2mm	允许偏差3mm
接缝高低差	**接缝直线度**	**接缝宽度**
允许偏差0.5mm	允许偏差2mm	允许偏差1mm

2.4.1　平整度检查

✍ 检查要点

墙砖整体水平且垂直，无歪斜现象。

用靠尺检查平整度

用直角尺检查边角是否平直

2.4.2 空鼓检查

✍检查要点

（1）用工具轻敲每块墙砖的正中及四边，若听起来有"当当"的声音，则说明没有问题；反之，若敲击后发出"空空"的声音，就表明有空鼓现象。

（2）检查空鼓时，需注意承重墙与保温墙、非承重墙、包立管处敲击出的声音是不同的。墙面瓷砖空鼓率在 5% 以内为合格，若检查出不合格，应要求重铺，否则使用中容易掉落。

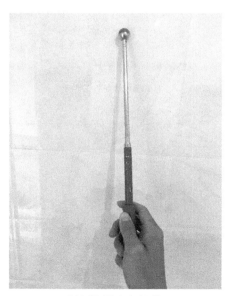

用空鼓锤检查墙砖空鼓

2.4.3 饰面检查

检查要点

（1）瓷砖色调协调，图案符合设计要求。

瓷砖色调协调

（2）砖面层应洁净无污物，无划痕，无色差，无缺棱掉角和裂缝等缺陷。

面层洁净无污物，无划痕，无色差，无
缺棱掉角和裂缝

2.4.4 细节检查

⚔检查要点

（1）接缝处填嵌密实、平直，缝隙宽窄均匀、颜色一致。

（2）非整砖铺贴部分要求排列平直。

非整砖铺贴部分排列平直

（3）管道以及开关插座等孔洞边缘整齐，尺寸正确，交接紧密、牢固。

管道边缘整齐，交接紧密

开关插座边缘整齐，尺寸正确

2.5　裱糊装饰检查

✂ 使用工具

卷尺

塞尺

记事本、便签、笔

⚙ 检查流程

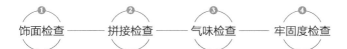

① 饰面检查 —— ② 拼接检查 —— ③ 气味检查 —— ④ 牢固度检查

♀注意事项

拼接和牢固度检查，建议重点查看边角以及拼缝的位置，尤其是边角位置，属于两个界面的交接处，是比较难处理的，也是鉴定工艺的关键位置。

2.5.1　饰面检查

检查要点

壁纸或壁布的表面应整洁无污物，无划痕、缺损、色差、翘边等现象。

壁纸或壁布的表面整洁无污物

无划痕、缺损、色差等现象

2.5.2 拼接检查

✍ 检查要点

（1）各幅拼接应横平竖直，图案按设计要求拼接完整，拼缝处图案花纹吻合。

（2）接缝平整、顺直，无色差；收口处理严密。

接缝平整、顺直，无色差

2.5.3 气味检查

✍ 检查要点

粘贴壁纸或壁布的胶的品质非常重要。对于完工的工程来说，无法查验材料，可靠近墙体用鼻子闻一闻，有刺激气味的品质必然不佳。

2.5.4 牢固度检查

✍️ 检查要点

壁纸或壁布必须黏结牢固，无空鼓、翘边、皱褶等缺陷。表面平整，无波纹起伏。

表面平整，无波纹起伏

壁纸或壁布黏结牢固

2.6 木饰面检查

✂ 使用工具

卷尺　　　　　　塞尺　　　　　　直角尺　　　　记事本、便签、笔

⚙ 检查流程

饰面检查 —— 细节检查

💡 注意事项

木饰面安装允许偏差		
垂直度	**平整度**	**阴阳角方正度**
允许偏差1.5 mm	允许偏差1 mm	允许偏差1.5 mm
接缝直线度	**接缝高度差**	**接缝宽度**
允许偏差1 mm	允许偏差0.5 mm	允许偏差1 mm

2.6.1 饰面检查

✍ 检查要点

（1）木饰面完成面应平整无歪斜现象，水平度和垂直度无误差。

（2）饰面板的色泽应基本一致，无过大色差。纹路应自然、舒适，无结疤、髓心、腐斑裂痕、缺损等缺陷。

（3）钉眼需补平，涂刷底漆后需与周围颜色一致。

钉眼补平

（4）清漆涂刷完成后要求漆膜光亮、平滑、平整、均匀、无皱纹、光洁，木纹清晰，无透底、落刷、流坠等质量缺陷。

（5）混油漆要求平整，没有透底或流坠现象，颜色均匀一致，手感光滑细腻。

2.6.2　细节检查

◢检查要点

（1）接缝应设计在龙骨上；接缝应平直，横竖缝隙宽度应一致；嵌缝密实，嵌缝材料色泽应一致。

接缝平直，横竖缝隙宽度一致

（2）孔洞应套割吻合，边缘应整齐；割角应准确、平齐；接头应严密整齐；线条棱角应清晰分明。

接头严密整齐

（3）面板固定应采用蚊钉或胶连接；稍用力压面板，感受其固定是否牢固，有无松动现象。

2.7 软包检查

✂ 使用工具

卷尺

塞尺

记事本、便签、笔

⚙ 检查流程

① 饰面检查 —— ② 框体检查 —— ③ 细节检查

♀ 注意事项

软包墙体允许偏差		
项目	允许偏差	检查方法
上口平直	2mm	拉 5m 线检查
表面垂直	2mm	吊线检查
压缝条间距	2mm	直尺或塞尺检查

2.7.1 饰面检查

检查要点

（1）同一房间同种面料；图案、花纹、色彩及纹理一致；拼花对称，位置相同。

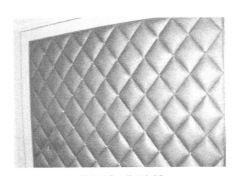

拼花对称，位置相同

（2）尺寸正确，松紧适度；面层挺秀、平整，填充饱满。

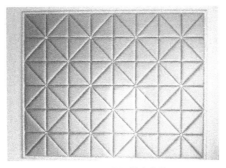

面层挺秀、平整，填充饱满

2.7.2 框体检查

检查要点

（1）软包木框连接严密，镶嵌牢固。

（2）压条无错台、错位。

软包木框连接严密，镶嵌牢固　　　　　　压条无错台、错位

框体检查要点

2.7.3 细节检查

检查要点

（1）接缝严密，经纬线顺直；周边弧度一致。

（2）软包饰面与挂镜线、压条、踢脚板、电器盒等交接处应紧密无缝隙，套割尺寸正确。

（3）边缘收口整齐、顺直、方正无毛边。

边缘收口整齐、顺直、方正

接缝严密，经纬线顺直

2.8 地砖、石材检查

※ 使用工具

靠尺　　　　　　　红外线水平仪　　　　　　空鼓锤

⊙ 检查流程

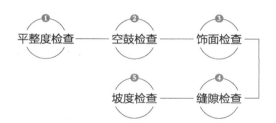

平整度检查 —— 空鼓检查 —— 饰面检查

坡度检查 —— 缝隙检查

♀ 注意事项

空鼓易产生于边角和小块地砖处，检验时需特别注意这些位置。

186

2.8.1 平整度检查

检查要点

（1）借助工具来检查地砖和石材地面的平整度。

（2）通过触摸来检查，触摸相邻几块地砖中间的"十字角"四角可以鉴别，若几个角都是平整的，就代表地砖的平整度过关。

利用靠尺检测地砖的平整度

利用红外线水平仪检测地砖的平整度

2.8.2 空鼓检查

检查要点

面层与基层的结合要牢固，空鼓率达标。地面空鼓的检查方式与墙面砖相同，检验标准为空鼓不超过每块砖面积的 20%。

用空鼓锤或其他钢具依次敲击地砖

边敲击边听响声，来判断空鼓位置

2.8.3 饰面检查

✍检查要点

（1）地砖、石材表面应洁净无污物和划痕；有纹理的款式，纹理过渡应协调、舒适；地面整体无明显色差，可站在 2m 以外对光目测。

地面整体无明显色差

（2）板块完整，无裂痕、掉瓷、缺棱掉角、缺边等缺陷。

表面洁净无污物、无划痕

189

2.8.4 缝隙检查

📖 检查要点

（1）接缝宽度应符合要求，且均匀、整齐、顺直。地砖、石材与墙之间的预留缝隙合适，能完全被踢脚板遮盖，且宽度一致，上口齐平。

（2）地面材料勾缝一致、平整、饱满，无不严之处。填缝剂色彩与地砖或石材相协调。

2.8.5 坡度检查

📖 检查要点

（1）有地漏的房间地面应有一定的坡度，地漏应位于地面最低点。

（2）地砖或石材与地漏、管道的结合处应严密牢固，无渗漏。

地漏在地面最低点

地砖或石材与地漏结合处严密牢固，无渗漏

2.9　地板检查

✂ 使用工具

塞尺　　　　　　　　卷尺

⚙ 检查流程

① 牢固度检查 —— ② 饰面检查 —— ③ 间隔检查

♡ 注意事项

　　地板应平整，无起拱、变形、翘曲现象。可使用 2m 靠尺和塞尺进行验收，标准是每 2m 的误差值在 0.3mm 内。

2.9.1　牢固度检查

◢检查要点

验收牢固度时可在地板上来回走动，脚步需加重，特别是靠墙部位和门洞部位要多注意验收，发现有声响的部位，要重复走动，确定声响的具体位置，做好标记。遇到这种情况，可以要求拆除重铺。

来回踩踏感受地板安装的牢固度

2.9.2　饰面检查

◢检查要点

（1）地板表面整洁、光滑；无蛀眼、缝隙、划痕、损伤及色差。

地板表面整洁、光滑

（2）地板漆膜应光滑，表面不要有气泡、划痕。

2.9.3　间隔检查

🖾检查要点

（1）地板宽度方向的铺设长度应大于或等于6m，或当地板长度方向的铺设长度大于或等于15m时，宜设置伸缩缝并用扣条过渡。

无蛀眼、缝隙、划痕、损伤及色差

（2）靠近门口处，宜设置伸缩缝，并用扣条过渡。板块之间对缝正确、严密，错缝符合要求。

（3）门扣条应装在门的正下方，以关闭门后里外都不留边为宜。扣条和门的底部间隙应在3～7mm之间，门能开闭自如。

（4）门扣条安装牢固、稳定。可以用脚踢一下扣条的中间部位，检查扣条两边是否翘起或松动，有无异响。

2.10 踢脚线检查

✂ 使用工具

塞尺   卷尺

⚙ 检查流程

设计检查 —— 饰面检查 —— 安装检查

♀ 注意事项

踢脚线安装质量要求		
与门框的间隙	拼缝间隙	与地板表面的间隙
≤ 2.0mm	≤ 1.0mm	≤ 3.0mm
同墙面踢脚线上沿直度		接口高度差
≤3.0mm/5m		≤ 1.0mm

2.10.1 设计检查

检查要点

踢脚线的材质、规格、颜色符合设计要求；踢脚线与墙面及地面的搭配应协调、舒适。

使用与墙面一样材质的大理石踢脚线，整体协调、一致

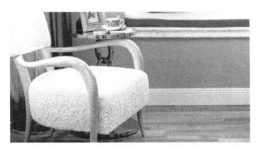

白色踢脚线与灰色墙面搭配舒适，非常符合空间氛围

2.10.2 饰面检查

◢检查要点

踢脚线表面光滑、平整、洁净，无划痕、变形、凹凸、缺损等缺陷。

表面光滑、平整、洁净

无划痕、变形、凹凸、缺损等缺陷

2.10.3 安装检查

✍检查要点

（1）安装牢固，与墙面结合紧密；高度、出墙厚度一致；阴阳角方正；上口平直，割角准确。

（2）各处接缝严密，缝隙符合质量要求。具体要求为：与门框的间隙 ≤ 2.0mm，使用工具为钢尺；拼缝间隙 ≤ 1.0mm，使用工具为塞尺；与地板表面的间隙 ≤ 3.0mm，使用工具为塞尺；同墙面踢脚线上沿直度 ≤ 3.0mm/5m，使用工具为 5m 线绳；接口高度差 ≤ 1.0mm，使用工具为钢尺。

踢脚线与墙面结合紧密，阴阳角方正

🏠 2.11 套装门检查

✂ 使用工具

卷尺　　　　　　　　塞尺　　　　　　　记事本、便签、笔

⚙ 检查流程

① 饰面检查 —— ② 门扇质量检查 —— ③ 门扇安装检查 —— ④ 套线安装检查

⑥ 门锁安装检查 —— ⑤ 门合页安装检查

💡 注意事项

对门扇进行检查时，不要忽略门上方和下方的位置，这些部分很容易被偷工减料。门上侧的位置不易检查，可利用镜子反射的原理，看镜子内反射的门边，判断套装门是否完好。

2.11.1 饰面检查

🔲检查要点

（1）门扇及门套表面无磕碰、压痕、划伤和错包现象。用手触摸门板的表面，贴皮门无起泡或粘贴不牢的现象。

（2）门扇及门套上的油漆完好，内外面光滑平整。检查套装门的边角处是否有掉漆的情况。

表面无磕碰、压痕、　　油漆完好，内外面光
划伤和错包现象　　　　滑平整

套装门饰面检查要点

2.11.2 门扇质量检查

检查要点

（1）把门打开至 45°，观察门是否能立住，如果能够稳定地立住，说明门是方正的。

（2）门扇平整垂直，无变形现象。可把门打开，凑近门边观察，看前后门线是否重合，若门线不重合，有一角翘起，说明已变形，必须更换。

门扇平整垂直，无变形现象

2.11.3 门扇安装检查

检查要点

（1）门套与门扇间的缝隙，下缝为 6mm，其余三边为 2mm，所有缝隙允许的公差为 0.5mm。门套对角线应准确，2m 以内允许公差小于或等于 1mm，2m 以上允许公差小于或等于 1.5mm。

（2）门套装好后应三维水平垂直，垂直度允许公差为 2mm，水平平直度允许公差为 1mm。

（3）门套与墙之间的缝隙用发泡胶双面密封，发泡胶应涂布均匀、切割平整；门套与地面结合处的缝隙应小于 3mm，并用防水密封胶封合缝隙。

（4）套线接口平整；弯度允许公差为 1mm。

门套与墙之间的缝隙用
发泡胶双面密封

门套与地面结合处的缝隙用防水密封胶封合

2.11.4　套线安装检查

检查要点

（1）套线与门套、墙体固定牢固；接口处平整、严密、无缝隙。

（2）安装后，同侧套线应在一个平面上。

（3）套线接口平整；弯度允许公差为 1mm。

2.11.5　门合页安装检查

◢检查要点

（1）门合页安装应垂直、平整，装合后平整无缝隙。

（2）平口合页应与门扇、门套对应开槽，槽口应规范，大小与合页相同，三边允许公差为 0.5mm。

（3）合页固定螺钉应装全、平直，隐于合页平面。

（4）合页开启应灵活自如。

合页安装应平整无缝隙

2.11.6 门锁安装检查

🏠检查要点

（1）门锁安装应紧固。门锁开槽应准确、规范，大小与锁体、锁片一致。

（2）门吸、拉手等配件齐全，均应安装在指定位置，且安装牢固，使用正常。

（3）固定螺钉均应装全、平直，装后配件效果良好。

门拉手安装、固定到位

门吸安装、固定到位

2.12 推拉门、折叠门检查

✂ 使用工具

卷尺　　　　　　　　塞尺　　　　　　　手电筒

⚙ 检查流程

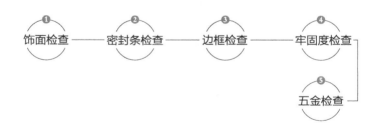

① 饰面检查 —— ② 密封条检查 —— ③ 边框检查 —— ④ 牢固度检查

⑤ 五金检查

♀注意事项

推拉门或折叠门门扇及门套的颜色、款式、纹理应符合设计或合同要求；且与空间中其他部分的设计搭配协调。

2.12.1　饰面检查

◢ 检查要点

（1）远看门扇的光泽度，表面应颜色均匀，无色差。外观完好，无磕碰和划痕等；油漆涂刷到位。

（2）门板整体无变形情况，无裂纹。玻璃门板应无凹凸不平和划痕存在。

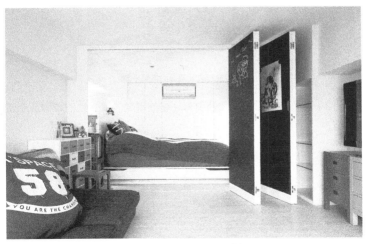

门板整体无变形情况，无裂纹

2.12.2 密封条检查

◢检查要点

（1）推拉门的密封条应该与玻璃槽口接触平整，没有卷边、脱槽等现象出现。

密封条与玻璃槽口的接触平整

（2）压条与型材的接缝处没有明显的缝隙，接头处的缝隙应小于1mm。

压条与型材的接缝处没有明显的缝隙

2.12.3 边框检查

✍️检查要点

（1）检查门边框的垂直度及平整度；门边框与墙体之间的缝隙应均匀一致。

（2）检查推拉门或折叠门与墙体连接的严密度。

（3）检查边框的边、角部分，有无锐角与毛刺等。

边框边缘部分无锐角与毛刺　　　　　　　　　门边框平整且垂直于门

边框检查要点

2.12.4 牢固度检查

◢检查要点

轻轻晃动推拉门，检查推拉门在滑轨、滑道内是否存在晃动感。如果晃动过大则说明安装效果不合格，不安全。

2.12.5 五金检查

◢检查要点

（1）检查推拉门五金件是否全部安装到位，有无错装、遗漏现象。五金配件包含了滑轨、防跳装置、把手、锁等。

（2）检查滑轨、滑道的安装是否稳固；反复推拉几次门体，检查推拉是否平顺、无卡滞；检查有无异响。

滑轨、滑道安装稳固，门扇推拉平顺，无异响

2.13 厨房橱柜检查

✂ 使用工具

塞尺

卷尺

手电筒

⚙ 检查流程

❶ 饰面检查 —— ❷ 柜体检查 —— ❸ 门板检查 —— ❹ 台面检查

❺ 五金检查

♀注意事项

　　橱柜各部件的品牌型号、吊柜地柜组合形式、内部分隔形式等均应与合同相符；橱柜应严格按照设计图进行制作，不能随意更改位置。

2.13.1 饰面检查

✍检查要点

外观色泽均匀一致，无色差。柜体和台面均无任何划伤、压痕、缺损等现象。

2.13.2 柜体检查

✍检查要点

（1）摇晃柜体，看安装是否牢固。用水平尺测量一排地柜是否水平。

（2）封边细腻、光滑、手感好，封线平直，接头精细。

（3）装有水槽的柜体底板要贴有整张的防水铝箔，且三边要上翻1cm，可防止水槽或管道的冷凝水侵蚀柜体。

底板贴有防水铝箔

2.13.3 门板检查

◢检查要点

（1）逐块检查门板的正反表面有无变形、划伤、起泡等现象。

门板正反表面无变形、划伤、起泡等现象

（2）门和抽屉部分的缝隙应上下一致，宽度均匀；门缝宽度在 1～2mm 之间。

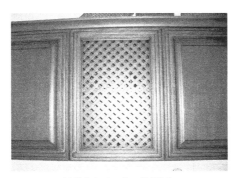

缝隙应上下一致，宽度均匀

2.13.4 台面检查

◢检查要点

（1）台面与地柜的结合要牢固，没有松动现象。

台面与地柜结合牢固

（2）用水平尺检查平整度，要完全水平，否则后期容易开裂。

（3）台面应看不到接缝处的胶水线，手摸感觉不到明显的错缝。台面的后挡水与墙面的间隙应小于3mm，并用密封胶封闭。

2.13.5 五金检查

🔍 检查要点

（1）所有能触摸到的五金配件，应无明显的尖锐部分。

无明显尖锐部分

（2）拉篮、抽屉、拉手、铰链等安装要牢固。

五金安装牢固

（3）拉篮、抽屉和铰链多次开合应顺畅，无明显异响。

开合顺畅，无异响

2.14 卫浴洁具检查

✂ 使用工具

| 木棍 | 卷尺 | 水盆或水桶 | 塑料袋、包装绳 |

⚙ 检查流程

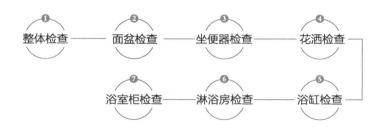

① 整体检查 —— ② 面盆检查 —— ③ 坐便器检查 —— ④ 花洒检查

⑦ 浴室柜检查 —— ⑥ 淋浴房检查 —— ⑤ 浴缸检查

♡ 注意事项

　　检查卫浴洁具的密封性时可以一直淋水，看有没有渗水的情况。淋浴屏门的细条一定要严密、顺直，然后用花洒来淋水试一下有没有渗水的情况发生。

2.14.1 整体检查

检查要点

（1）观测所有洁具的尺寸、形状、色泽、材质等方面是否符合合同要求。

（2）洁具釉面光洁，没有色差、针眼和缺釉，且无损伤、缺件和裂纹现象。

洁具釉面光洁

（3）用质地比较坚硬的木棍敲击洁具，如果发出清脆、坚硬、密实、悦耳的声音，则表明烧制质量较好，并且未有受损现象。

无损伤、缺件和裂纹现象

215

2.14.2　面盆检查

✍检查要点

（1）面盆离地高度应在 80~85cm 范围内。

（2）安装立柱式面盆应该选择固定在强度高的墙面上，采用膨胀螺栓进行固定；下部底脚与地坪连接要牢固，底脚四周用硅胶密封。

（3）面盆的溢流孔应对准排水栓，且溢流部位排水畅通。面盆和排水管的连接应牢固，但不能过紧，要方便拆卸。

（4）下水管要有"S"弯，否则很容易上返异味。

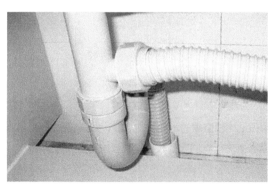

下水管有"S"弯

（5）面盆或台面与墙面之间的缝隙应用硅膏或玻璃胶填实，可以让面盆更牢固，并防止细菌滋生。

2.14.3 坐便器检查

检查要点

（1）理论上，坐便器两侧应留有 200mm 的距离，以方便坐便器的使用。在实际验房时，可以亲自坐在上面感受，看两腿的摆放是否受到周边物体的影响。

地面相接处应有透明密封胶

（2）坐便器的底座与地面相接处应有透明密封胶，这样可以把卫浴间的局部积水挡在坐便器的外围。

（3）进水阀进水及密封正常，安装位置灵活，无卡阻及渗漏。

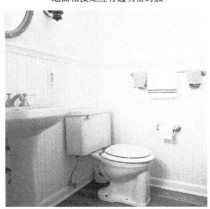

进水阀进水及密封正常，安装位置灵活，无卡阻及渗漏

（4）将厕纸团成一团放入坐便器内，边冲水边观察，检查各接口有无渗漏。连续冲放不少于 3 次，以排放流畅、各接口无渗漏为合格。

2.14.4 花洒检查

✎ 检查要点

（1）混水阀距地面的高度一般为 900 ～ 1100mm，且不能高于1100mm，否则使用不便。

混水阀距地面的高度一般为 900 ～ 1100mm

（2）出水口要遵循"左热右冷"的原则，若装错可能会导致有些设备不能工作，或者损坏设备。

（3）搬动或转动开关，看是否顺畅。放水时检查水管是否漏水。

2.14.5 浴缸检查

检查要点

（1）检查浴缸的水平度，重点看是否有歪斜、变形现象。

浴缸安装应完全水平

（2）将浴缸放满水，看冲排是否通畅，观察四周有无渗漏。重复试验几次，冲排均通畅为合格。

将浴缸放满水，看冲排是否通畅

（3）盆面沿墙三周边用硅胶密封。

（4）如果是嵌入式的浴缸，就要检查是否留了检修口，且检修口尺寸不能太小。

2.14.6　淋浴房检查

⚒ 检查要点

（1）用花洒喷淋浴房的两边，测试打胶是否很严密，是否渗水。

（2）来回开关门，开关应顺畅、无噪声；活动门磁条闭合时吸力较强；门在自然开关状态下闭合完全。

（3）玻璃的垂直允许误差为 1 ～3cm。虽然允许误差，但经过良好的调试，除了使用时经过重力磕碰外，基本不会存在玻璃破碎的安全隐患。

（4）淋浴房两侧的上顶点和下顶点垂直误差应小于 10mm；淋浴房底部离石基边的距离应该一致；淋浴房活动门与固定玻璃顶部的高度一致。

（5）淋浴房安装完毕后，所有的螺钉空位等均有装饰盖，固定玻璃底部和靠墙部分均有胶条保护。

淋浴房内部活动空间充足

2.14.7　浴室柜检查

✍ 检查要点

（1）门与框架、抽屉的距离要符合规定；开关门扇和抽屉应活动灵活、无摩擦；门板启闭顺畅。

开关门扇和抽屉活动灵活，无摩擦

（2）封边对保护浴室柜非常重要，可以检查柜体和门板的封边，看是否有鼓包、撕裂等情况。

（3）台面和墙面的缝隙要进行密封处理，否则容易蓄水。

（4）装有面盆的柜体底板以及抽屉宜贴有整张的防水铝箔，可防止水侵蚀柜体。

装有面盆的柜体底板贴有整张防水铝箔

2.15 卫浴设备检查

※ 使用工具

记事本、便签、笔

⚙ 检查流程

① 集成吊顶浴霸检查 ——— ② 排风检查

♀注意事项

　　首先，卫浴设备表面应该光滑，这样可以有效地防止水垢的附着；其次，上述这些设备的下水应该通畅好用，无阻碍、渗漏现象发生。

2.15.1 集成吊顶浴霸检查

✍ 检查要点

（1）为了取得最佳的取暖效果，浴霸应安装在人进行沐浴、面向花洒时背部的后上方。

通电后功能开关应工作正常

（2）浴霸安装完成后通电试运行，功能开关应工作正常，取暖效果明显；照明、换气正常，无抖动及杂声。

取暖效果明显，照明、换气正常

2.15.2 排风检查

检查要点

（1）用手或杠杆拨动扇叶，检查是否有过紧或擦碰现象，有无妨碍转动的物品。无异常现象，方可进行试运转。

（2）打开开关，听运转中有无异常声响。

2.16 卫浴防水检查

※ 使用工具

水盆或水桶

卷尺

※ 检查流程

① 挡水条检查 —— ② 闭水检查

♀ 注意事项

　　闭水试验时间为 24h。前期每 1h 应到楼下检查一次，后期每 2~3h 到楼下检查一次。观察楼下楼顶有无漏水现象，无漏水现象视为合格。若发现漏水，应立即停止试验。

2.16.1 挡水条检查

📖 检查要点

检查卫浴间门口是否安装挡水条，粘贴是否牢固、平整。

卫浴间门口安装挡水条

2.16.2 闭水检查

📖 检查要点

在卫浴间和洗衣间放高度 20mm 的水，浸泡地面 24h 以上，检查卫浴间和洗衣间地面的防水层。

2.17 燃气检查

✂ 使用工具

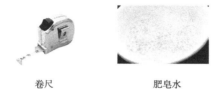

卷尺　　　　　　　　　肥皂水

⚙ 检查流程

安装检查 ———— 管道距离检查 ———— 安全测试

♀注意事项

　　如果不是存在太大的问题，建议不要私自改动燃气管线。如果一定要改动，须请专业的燃气改装公司进行施工，才能保证使用安全。燃气一旦出现问题，会有很大的安全隐患。

2.17.1 安装检查

◢检查要点

（1）燃气表安装宜靠近进燃气干管，到地面距离宜大于 1400mm，最低高度应大于 200mm。燃气表安装于地柜内或燃气管支管接入底柜内时，靠近燃气表或支管接头部位的柜体应做百叶柜门。

（2）管路之间及管路与阀门、燃气表等设备连接可靠。为了便于更换、维修，燃气表的前端、后端均应设置阀门。阀门应位置准确、启闭灵活。

阀门位置准确、启闭灵活　　　燃气管道、燃气表安装牢固

（3）家庭燃气管路宜设置燃气报警器，并且宜设置电磁阀。电磁阀应能与燃气报警器联动。

（4）燃气管线穿越墙或楼板时必须采用套管敷设，并且宜与套管同轴，套管内不设任何形式的连接接头。

2.17.2 管道距离检查

✍检查要点

（1）当燃气管道与其他管道相遇时，要保持一定的安全距离。

管道间隔距离过短，容易发生意外

（2）水平平行铺设时，净距离不能小于15cm；竖直平行铺设时，净距离不能小于10cm。

（3）燃气管道要位于其他管道的外侧位置，管道交叉相遇时，之间的净距离不能小于5cm。

2.17.3 安全测试

✍测试要点

（1）通电预热3min后，绿灯发光稳定表示报警器工作正常。如果报警器发出"嘟嘟"声及红灯闪烁，但在绿灯亮之前消失就属于正常现象。

（2）将燃气打开，用肥皂水涂抹在容易泄漏的部位，如果起泡就说明有破损在漏气。尤其应注意计量表进出气口、自行添加的延长管线和接口处等位置。

2.18 采暖检查

✂ 使用工具

卷尺

塞尺

记事本、便签、笔

手电筒

⚙ 检查流程

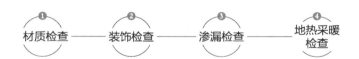

① 材质检查 —— ② 装饰检查 —— ③ 渗漏检查 —— ④ 地热采暖检查

💡 注意事项

暖气片上方应有放气阀,使用前应拧开,将气体放掉。如果拧不动就需要修理解决,否则内部气体排放不出来,暖气片热度会受影响。

2.18.1 材质检查

检查要点

（1）暖气管道的材料有两种，一种是 PB 管；另一种是 PP-R 管，两种管子不能混用。应重点检查经过改造的暖气。

（2）检查不同房间的散热器，看品牌、材料是否一致。若将不同材质的散热片装在同一系统里，则有可能使其表面出现损伤或破坏保护层。

散热器示意

2.18.2 装饰检查

◢检查要点

（1）查看壁挂式散热器的型号、颜色、款式等是否与合同相符，设计是否与其他部位相协调。

（2）散热器表面应整洁、平滑，无划痕、损伤、掉漆、污渍、凹凸不平等现象。

散热器表面整洁、平滑

2.18.3 渗漏检查

☑检查要点

（1）关于壁挂式散热器的管道，主要查看各个部位的接口，看墙面或地面有无水渍。

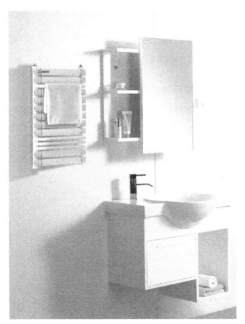

查看各个部位的接口，看墙面或地面有无水渍

（2）无论何种采暖形式，均应查验物业有无暖气的打压试验记录，以及记录结果是否合格；若一次试验出现过渗水，则应有二次检验记录。

2.18.4 地热采暖检查

✍️ 检查要点

（1）外露部分的配件应安装牢固，无松动和连接不牢固的现象。查验分水器及过滤器阀门品牌型号是否与合同相符，有无漏水、砂眼现象，开关是否灵活自如。

（2）分水器上应标明每一组地热管所供区域的位置标识，便于装修施工时相应处理该部位的供热。

（3）关掉供热回路开关，将分水器、集水器只留一组开放，其他组处于关闭状态，然后打开集水器上的排污开关，逐一对各路查验水路的流量，看是否有堵塞现象。

（4）加热管与分水器、集水器之间的连接处应没有渗漏现象。

分水器及过滤器阀门品牌型号应与合同相符　　　外露部分的配件应安装牢固

地热采暖检查要点

2.19 柜体检查

✂ 使用工具

卷尺　　　　　　水平仪　　　　　　手电筒　　　　　　直角尺

⚙ 检查流程

♀注意事项

　　人造板是目前柜体的主要材料，用其制作柜体时，封边处理是非常重要的。若封边处理不好，柜体板材内部就容易受潮气侵蚀而出现变形等问题。

235

2.19.1　柜体饰面检查

检查要点

（1）饰面材料的色泽应基本一致，无明显色差。油漆应平整、顺滑、均匀、无皱纹、光洁，木纹清晰。

（2）木饰面除特别设计外，纹理应基本一致，对纹正确无错位现象。免漆板表面整洁、平滑，无损伤、划痕等缺陷。

表面整洁、平滑，无　　　饰面材料的色泽基
损伤、划痕　　　　　　　本一致

柜体饰面检查要点

2.19.2 柜体结构检查

检查要点

（1）柜体水平方向和垂直方向的误差应符合标准，无变形、扭曲等现象。

（2）对于单体柜，可晃动整个柜体，感受其牢固度；对于固定在墙面的柜体，可以晃动框架部分，感受其牢固度。

柜体水平方向和垂直方向误差应符合标准

2.19.3 柜门检查

检查要点

（1）平开式柜门应开关顺畅，操作轻便，没有异声。

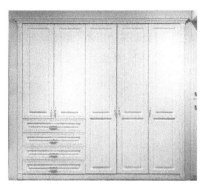

平开式柜门开关顺畅，操作轻便

（2）推拉式柜门应推拉开合顺畅，操作轻便，没有异声，无明显晃动感。

推拉式柜门推拉开合顺畅，操作轻便

2.19.4　做工检查

🔲检查要点

（1）整体结构的衣柜，每个连接点（包括水平、垂直之间的连接点）必须密合，不能有缝隙，不能松动。

（2）柜门、抽屉的缝隙不能过大，应横平竖直。

抽屉的缝隙适中且横平竖直

（3）注意检查内部有无断榫、断料现象。隐蔽的抽屉需要检查结构中有无榫槽，榫槽内是否用胶，抽屉帮和堵头是否用钉子连接。

（4）各种人造板部件的封边处理严密平直，无脱胶。表面光滑平整，无磕碰。

（5）柜体四脚要平整，站立平稳。

（6）固定在墙上的柜件与墙之间应没有缝隙。

2.19.5 柜体五金检查

◢检查要点

（1）五金件的品牌和型号应符合合同约定内容，合同中无约定的应检查是否为三无产品。五金装饰层应平滑，无毛刺、砂眼、掉漆、锈迹等缺陷。

五金装饰层平滑，无毛刺、砂眼、掉漆、锈迹等缺陷

（2）合页、铰链安装应垂直、平整。平口合页应与门扇、门套对应开槽，槽口应规范，大小与合页相同，三边允许公差为 0.5mm。固定螺钉应装全、平直，隐于合页或铰链平面。

固定螺钉应装全、平直

（3）抽屉推拉应顺滑，无卡滞现象。

（4）把手安装牢固；多个把手之间要保证在同一水平线上，不应出现不对称和错排等情况；面板后方拉手的螺钉不应露出尖头。

把手安装牢固，同排拉手水平

（5）锁具安装规范、准确、牢固，使用灵活；固定螺钉齐全、平直，隐于锁具平面。

2.20　灯具检查

✂ 使用工具

卷尺　　　　　　水平仪　　　　　　手电筒

⚙ 检查流程

① 灯具外观检查 —— ② 灯具高度检查 —— ③ 灯具位置检查 —— ④ 灯具安装检查

⑤ 不同灯具检查

💡 注意事项

　　对于造型复杂的灯具，可要求开发商出具灯具图纸，根据图纸来核对配件是否有缺失的情况。若有备用配件，应向对方索取。

2.20.1 灯具外观检查

检查要点

（1）检查室内所有灯具，看其型号、外观等是否符合合同要求。查看已安装好的灯具，配件是否齐全。

（2）灯具镀层及玻璃等部件应色泽均匀、一致，无色差。灯具表面无机械损伤、变形、油漆剥落和灯罩破裂等缺陷。

灯具镀层色泽均匀、一致，无色差

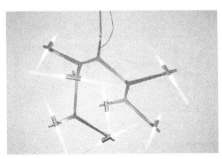

灯泡完好

2.20.2 灯具高度检查

⚐ 检查要点

（1）检查吊灯高度时，可以从吊灯的底部走过，看人的头部是否会磕碰到吊灯的底端。如果吊灯的底部有茶几或者餐桌等家具，就不用担心吊灯的下吊距离过低。

客厅吊灯底部不能碰到头

餐厅吊灯高度不妨碍活动即可

（2）过道壁灯的安装高度通常为 1.7 ～1.8m；床头壁灯的安装高度通常为 0.6 ～1m 。具体尺寸应测量壁灯底部到地面的距离。

2.20.3　灯具位置检查

⚒️检查要点

（1）吊顶可安装在房间的正中间；若房间为长条形，也可对称地安装两盏吊灯。质量超过 3kg 的大型灯具不能直接挂在龙骨上，否则很容易坠落。

大型吊灯应固定在顶面上，而不应安装在龙骨上

（2）吸顶灯通常安装在卧室、书房或阳台中，安装位置应在吊顶的中间。卧室内吸顶灯的位置应避开床的正上方，否则会比较刺眼。

2.20.4　灯具安装检查

✍检查要点

（1）安装灯具的墙面和吊顶上的固定件的承载力应与灯具的质量相匹配。

（2）同一室内成排安装的灯具，其中心线的偏差不应大于 5mm。

（3）每个灯具固定用的螺钉或螺栓不应少于 2 个。

2.20.5　不同灯具检查

✍检查要点

（1）吊灯应装有挂线盒，每只挂线盒只可装一套吊灯。质量超过 1kg 的灯具应设置吊链，质量超过 3kg 的灯具，应采用预埋吊钩或螺栓方式固定。固定花灯的吊钩，直径不应小于灯具挂钩。

超过 1kg 的灯具应设置吊链

（2）壁灯所在的墙面不宜选择壁纸为主材，否则日久会导致墙面局部变色，甚至起火。但若使用的壁灯是距离墙面较远的长臂款式或者带有灯罩的款式则不易出现这类问题。

（3）以白炽灯作光源的吸顶灯具不能直接安装在可燃构件上；灯泡不能紧贴灯罩；当灯泡与绝缘台之间的距离小于 5mm 时，灯泡与绝缘台之间应采取隔热措施。

2.21 水路检查

✂ 使用工具

水盆或水桶

记事本、便签、笔

⚙ 检查流程

① 给水检查 —— ② 排水检查

💡 注意事项

在龙头下接一杯水，注意观察是否存在锈迹。如果认为供水质量有问题，可要求开发商提供防疫部门核发的水质检验合格证。

2.21.1 给水检查

🔖 检查要点

（1）打开水阀门和龙头，看水龙头出水是否正常。将阀门的流速开到最大，查看水流是否顺畅，并通过其速度和冲力，来判断水压是否充足。

（2）观察给水管的位置是否合理，冷热水管分布是否为左热右冷。观察给排水管周围是否有渗水的痕迹，漏水的地方通常会在墙面上留下印渍。

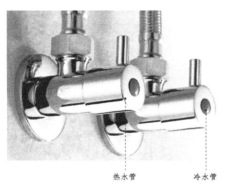

热水管　　　　　冷水管

冷热水管分布

（3）来回开关几次阀门，看阀门是否可以打开或切断水流，切断的动作是否及时。阀门通常分布在管道集中处以及面盆、水槽、坐便器等用水设备的周围。

2.21.2 排水检查

⚃检查要点

（1）主要查看用水设备周围的排水设计。通常来说，给水管的周围均应设置排水管。

（2）把洗菜池、面盆放满水，检查其排水速度。

（3）在浴缸里放半缸水过夜，检查浴缸是否渗水以及排水是否顺畅、快速。

（4）向地漏中倒水，看排水是否通畅、迅速。向地漏中倒水时，还可顺便检查一下水封部分或机械防臭设施是否起作用。

通过水流的速度和冲力来判断水压是否充足

2.22 电气设备检查

✄ 使用工具

卷尺

万用表

相位检测仪

⚙ 检查流程

① 强电箱检查 —— ② 弱电箱检查 —— ③ 开关、插座安装检查

💡 注意事项

　　理论上，家装中所有的插座线路都要安装漏电保护器，但是好的漏电保护器非常敏感，如果电线的胶布包裹得不严实，就会经常跳闸，所以可以不用全部安装。

251

2.22.1 强电箱检查

✍检查要点

（1）电箱表面应平整、洁净，无划痕、污渍、弯曲变形等缺陷。与墙面结合应紧密、美观、无缝隙。

（2）箱内空开安装牢固，标识全面、正确。

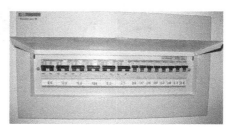

电箱内标识全面、正确

（3）接触水的插座应安装漏电保护器，在漏电时可及时切断电源，避免触电事故发生。

（4）卫浴间内的等电位端子箱应连接完毕，并且能够正常使用。

所有金属管线均应连接到等电位端子箱上

2.22.2　弱电箱检查

检查要点

（1）弱电箱中应设有电话分支器、计算机路由器、电视分支器、电源插座、安防接线模块等。可根据合同对照检查模块安装是否齐全。

（2）晃动弱电箱内部每个模块的固定点，看是否牢固。

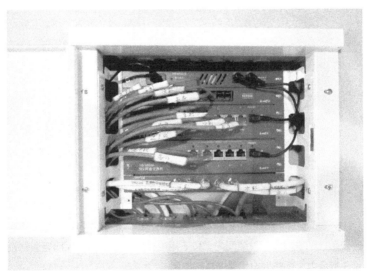

弱电箱内部模块安装牢固

（3）对于弱电箱，除对其内部进行检查外，也应对其外观进行检查，检查方式同强电箱。

2.22.3　开关、插座安装检查

◢ 检查要点

（1）安装牢固，面板端正。面层表面整洁无污物，并紧贴墙面。

（2）同一室内应使用同系列或同色系的产品；多个开关、插座并列安装时，要求高度一致，高差不能大于5mm。

多个开关、插座并列安装时高度一致

（3）普通插座应分布在除卫浴间和阳台的其他空间内；防溅水插座应分布在洗衣阳台、卫浴间内，位于用电设备附近；大功率插座通常设置在厨房内，预备为电烤箱等电器使用。

（4）开关、插座高度检查。

开关、插座高度检查

开关	视听设备、台灯、接线板等墙上插座	
离地高度1200~1400mm	离地高度300~350 mm	
电视插座	**壁挂空调、排气扇插座**	**冰箱插座**
离地高度450~1100mm	离地高度1800~2000mm	高插离地 1300mm，低插离地500mm
厨房台面插座	**抽油烟机插座**	**洗衣机插座**
离地高度1250~1300mm	离地高度2000mm	离地高度1000~1350mm
坐便器插座	**弱电插座**	**卫生间热水器插座**
离地高度350mm	离地高度300~350mm	离地高度1800~2000mm
床头插座		
离地高度700~800mm		

（5）开关手感应轻巧、柔和，没有滞涩感，声音清脆，打开、关闭应一次到位。插座插拔应顺畅，无卡滞感。

（6）强弱电插座之间的距离应不小于500mm。距离过短会影响弱电信号质量。

错误：强弱电插座之间的距离小于 500mm，影响弱电信号

错误：强弱电插座之间没有距离，严重影响弱电信号

第 3 章
二手房验收

由于二手房的建筑和装修已陈旧，特别是一些居住时间 10 年以上的物业，水电等设备都已相当陈旧，因此在收楼的时候，应该倍加关注。二手房经过长时间的居住，往往存在很多前业主的遗留问题，而且由于二手房经过装饰装修，很容易掩饰一些问题。

3.1 房屋状况调查

✂ 使用工具

手电筒

记事本

记号笔

⚙ 检查流程

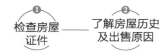

①检查房屋证件 —— ②了解房屋历史及出售原因

💡 注意事项

应认真核实产权人信息，避免出现一房多售或出售人非产权人的情况。注意检查产权证是一个人独有还是多人共有房产，若为后者，则需要注意产权人是否均同意出售房屋，避免后期产生纠纷。

3.1.1 检查房屋证件

📖 **检查要点**

（1）出售房屋的一方必须是房屋产权所有人。可以通过查验产权证和产权人身份证进行核实。

产权证及产权人身份证

（2）是否存在抵押、出租、查封、冻结转让、列入拆迁范围等现象。并确定若存在以上现象，在出售方无欺瞒的情况下，是否仍愿意购买。

（3）与出售方确认该房的使用权。若使用权为 50 年，已使用 15 年，但卖方仍按同地段使用权 50 年的商品房的价格出售，这样对买方来说就不够公平。

3.1.2 了解房屋历史及出售原因

📖 **检查要点**

（1）可以向该房周围的邻居、物业等调查了解房主售卖房屋的原因。若有同区域类似的房屋出售，可多做比较，确定房屋出售的原因。

（2）在调查过程中，应重点询问房屋是否在以往的使用中出现过不利于居住的情况，如是否发生过恶性事件、房屋老化是否过于严重、是不是违章建筑等。

3.2 屋内尺寸、结构核对

✂ 使用工具

卷尺   记事本   记号笔

⚙ 检查流程

① 屋内尺寸核对 —— ② 建筑结构核对

💡 注意事项

核实墙体分布情况时，应重点检查剪力墙。通过敲击和查看墙体厚度可以简单分辨出剪力墙的现有位置，核对现房主是否进行过有危险性的拆改。

3.2.1 屋内尺寸核对

核对要点

核对以下项目是否与出售方提供的售房合同一致。

①房屋使用面积。重点核对合同面积的计算方式，例如公共面积的数量，是全计数还是半计数。

②房屋净高、净宽。

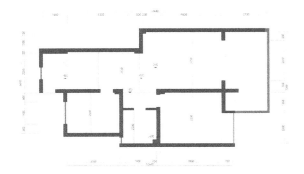

产权证中的房屋平面图

3.2.2 建筑结构核对

核对要点

核对以下项目是否与出售方提供的售房合同一致。

①房屋户型图。

②墙体分布情况。检查是否与户型图一致。

3.3 渗漏检查

※ 使用工具

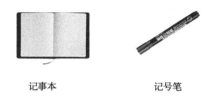

记事本　　　　　　　　　记号笔

☼ 检查流程

① 晴天看房渗透检查 —— ② 雨天看房渗透检查 —— ③ 管道漏水检查

♡ 注意事项

　　屋面天沟积水、阳台和卫生间地坪倒泛水以及阳台雨后积水等都会造成楼地面渗漏，甚至水平管道倒泛造成粪便、污水倒灌。可在卫生间和阳台等处做一个排水试验，浇上一些水，看其是否能畅通无阻地排向出水口。

3.3.1 晴天看房渗透检查

✍检查要点

（1）重点检查顶棚是否有重新粉刷的痕迹，墙面是否有变色、起泡、脱皮、掉灰的现象。

（2）向同小区居民了解小区是否做过防水；去物业询问楼上是否有漏水争端；还可在房主允许的情况下，堵住所有漏水孔放水做闭水试验。

墙面脱皮、起泡

顶面脱皮、起泡

3.3.2　雨天看房渗透检查

✍️检查要点

　　雨天看房可以观察管道接口及墙面是否漏水或渗水。注意观察阳台顶部和管道接口，墙体颜色较深处的温度是否相对较低，墙面有无明显水印及霉点。

渗水部位颜色比其他位置深

水渍颜色越深，说明渗漏越严重

3.3.3 管道漏水检查

✍检查要点

（1）检查管道顶棚和地面部分的根部，或管道与墙面的交界处，查看顶部有无渗水痕迹，漆皮有无起泡、脱落等现象；查看地面或墙面的交界位置是否有水渍。

（2）对于外露的管道，可打开阀门，让水流动，用手触摸管体，感受有无明显的渗漏部位；或用纸巾擦拭管体，渗漏部位的水量会比其他部位多。

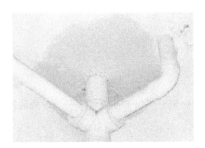

顶棚根部漏水说明楼上管道也漏水

墙面交界处漏水，颜色较深

3.4 顶面装修检查

✂ 使用工具

靠尺   卷尺   直角尺

⚙ 检查流程

❶平整度检查 ── ❷饰面检查 ── ❸角线检查

❺集成吊顶 ── ❹顶面灯具
检查   检查

> 💡 **注意事项**
>
> 　　顶面若严重不平，就需要用吊顶来美化，但吊顶需要下吊较大距离，会严重影响房间高度，对本来就低矮的房屋来说，会让人感觉非常压抑。

3.4.1　平整度检查

◢检查要点

（1）检验房屋顶面的平整度，重点查看没有做吊顶的位置是否存在倾斜严重的现象。

顶部严重不平

吊顶房间可检查中间建筑顶棚的位置

（2）二手房顶部可能做了装饰，若自己无法分辨顶部的平整度，可请专人陪同检查，也可借助专业工具进行查验，方法参照毛坯房部分。

3.4.2 饰面检查

✍ 检查要点

检查顶面饰面层是否有大面积的脱落、掉皮等现象。

装饰层大面积掉皮

3.4.3 角线检查

✍ 检查要点

检查顶面阴阳角线的位置，看是否平直、方正。尽量挑选有承重结构的部分查看，有装饰的部分查验容易不准确。

3.4.4 顶面灯具检查

✎ **检查要点**

（1）观察顶面灯具的分布是否在一条直线上，灯具之间是否保持相同的距离。这里的顶面灯具主要是指筒灯、射灯 。一般相邻灯具之间的距离保持在900mm是较为理想的。检查时，可根据这一距离判断吊顶灯具分布的合理性。

（2）在检查时，也可将吊顶上的筒灯及射灯打开，看光斑照射下来的均匀度判断吊顶灯具分布的合理性。

筒灯排列整齐

3.4.5 集成吊顶检查

✎ **检查要点**

（1）检查集成吊顶的时候，可以从大面观察金属板的边角处是否有翘边、凸起等状况；也可以将集成吊顶拆卸下一块，检查金属板与轻钢龙骨的固定程度。若拆卸时很困难，说明集成吊顶的整 体质量较好。

（2）检查时，不可忽略集成吊顶花型的拼贴，是否有拼接错误的发生。

3.5 墙面装饰检查

✂ 使用工具

靠尺　　　　　　　　卷尺　　　　　　　　塞尺

⚙ 检查流程

①　　　　　②　　　　　③
平整度检查 —— 裂缝检查 —— 饰面检查

💡 注意事项

　　二手房墙面装饰或多或少都会出现一些问题，在检查时应查清楚问题出现的原因。结构原因建议与卖方对装修中问题部位的维修达成一致，并落实为合同条款，避免损失。

3.5.1　平整度检查

◢检查要点

墙面平整度检查可借助靠尺，将其紧贴墙面，轻轻地从一侧向另一侧保持匀速移动，不平整的位置就可轻松地检测出来。

用 2m 靠尺检查墙面平整度

用塞尺检查平整度是否达标

271

3.5.2 裂缝检查

检查要点

（1）检查墙面有无裂缝，如有裂缝，应查清裂缝产生的原因。裂缝基本上有 3 种类型：平行裂缝、角度裂缝和贯穿裂缝。

（2）平行裂缝：与房间横梁平行的裂缝，虽属质量问题，但基本不存在危险，修补后不会妨碍使用。

平行裂缝

（3）角度裂缝：若裂缝与墙角成 45° 斜角或与梁柱垂直，则说明该房屋可能存在结构性质量问题。

角度裂缝

（4）贯穿裂缝：看承重墙是否有裂缝，若裂缝贯穿整个墙面且穿到背后，则表示该房屋存在安全隐患。

3.5.3 饰面检查

⚠**检查要点**

对二手房墙面的饰面部分进行检查。包括乳胶漆、涂料、壁纸、壁布、木饰面、墙裙等。

墙砖脱落

墙砖起鼓

3.6 地面装修检查

❋ 使用工具

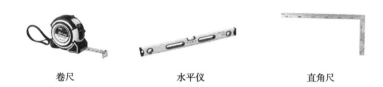

卷尺　　　　　　　　　水平仪　　　　　　　　　直角尺

⚙ 检查流程

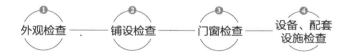

① 外观检查 ── ② 铺设检查 ── ③ 门窗检查 ── ④ 设备、配套设施检查

♡ 注意事项

　　地面如果只有局部区域存在问题，例如损坏、空鼓、脱落等，且损坏范围小，那么只需要进行部分改造。

3.6.1 外观检查

📖 检查要点

（1）检查地面材料的完好度和平整度，重点检查有无伤痕、缺角、掉色、裂缝、起鼓等现象。具体检查方式可参照精装房地面检查内容。

（2）检查结果决定地面材料是否需要更换，对整体改造预算有重要影响。

无损伤、掉色现象

无缺角、裂纹和起鼓现象

3.6.2　铺设检查

⚿检查要点

对于房龄较小的二手房，若地面外观基本没有损伤，则建议重点检查各种材料的铺设情况，若没有问题，可继续使用一段时间，以节省资金。

损伤较小的地面，若装修资金不足，可保留使用

3.6.3 门窗检查

◢ 检查要点

（1）检查铝合金和塑钢门窗有无渗水、锈蚀现象。塑钢门窗重点检查有无零件脱落和损坏问题。

（2）检查室内门的表面装饰是否完好；门扇、门框是否方正；开启是否灵活，关闭是否能够密封；五金是否有损伤，若有损伤是否需要更换。

门框方正、表面装饰完好

3.6.4　设备、配套设施检查

检查要点

（1）检查合同内包括的设备的品牌、型号、成色、数量，是否带有保修卡以及能否正常使用等。类似细节建议标示清楚，做好记录。

名称	品牌/型号	成色	数量	保修卡
双人床	杂牌	8成新	2	无
单人床	杂牌	6成新	1	无
冰箱	海尔/BCD-171KF1	9成新	1	有 剩余1年过期
油烟机	美的/KCF-11	5成新	1	无

（2）打开水龙头观察水的质量、水压；确认房子的供电容量，避免出现夏天开不了空调的尴尬情况；检查户内外电线是否有老化现象，是否严重；打开电视看一看图像是否清楚，数一数能收到多少台的节目；查看燃气的接通情况，是否已经换用天然气。

3.7 环境检查

✂ 使用工具

| 噪声测试仪 | 记事本 | 记号笔 |

⚙ 检查流程

小区环境
检查 ———— 物业费用
核对

💡注意事项

房屋周边的居住环境是非常重要的，关系到生活的便利性，具体包括小区周边和小区内部两部分。若是成熟的小区，周边应配备超市、市场等购物场所，以及车站和学校；小区内部主要检查绿化、噪声、设备以及物业等。

3.7.1 小区环境检查

✍️ 检查要点

在有购房意向时，可自行走访调查，看环境是否符合居住要求。检查项目包括外部和内部环境两部分。

外部：交通、超市、市场、学校。

内部：小区内的绿化、噪声大小、电梯运行情况、小区保安及业委会是否负责等。

小区环境检查示意

3.7.2 物业费用核对

✍️ 核对要点

向物业部门或小区内的居民打听关于物业费用的收取情况，对比同城市或周边小区，看收费的项目包括哪些，费用的收取金额是否合理，有无乱收费情况等。还建议调查费用的落实情况，如收取卫生费后物业人员是否能够及时清扫公共区的垃圾。

3.8 二手房过户手续

✂ 使用工具

文件袋	记事本	记号笔

⚙ 检查流程

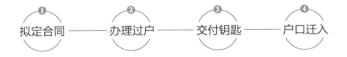

拟定合同 —— 办理过户 —— 交付钥匙 —— 户口迁入

♡ 注意事项

所有检查项目均确认无误后，就可以着手办理二手房过户手续。

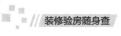

3.8.1 拟定合同

拟定要点

确定相关费用、支付方式及税收和费用的承担，并明确违约责任。

3.8.2 办理过户

办理要点

到房管局办理买卖合同登记和过户；签署《房屋买卖合同》和《房屋交接书》。

3.8.3 交付钥匙

检查要点

检查所收到的房门钥匙是否齐全，无误后应立刻更换。除此之外，还应有天然气卡、电卡、大门 IC 卡、网络 IC 卡、数字电视机顶盒、小区物业收费凭证、有关缴费发票（数据）等。

3.8.4 户口迁入

检查要点

在卖方户口未迁出前，现行政策不同意买方户口迁入。如卖方户口仍未迁出，可根据买卖合同的约定追究卖方责任。